기후위기는 국경을 모른다

기후위기는 국경을 모른다

초판 1쇄 발행 2025년 6월 20일

지은이 김기상

책임편집 도은주

펴낸이 윤주용
편집 류정화, 박미선 | 마케팅 조명구 | 홍보 박미나

펴낸곳 초록비책공방
출판등록 2013년 4월 25일 제2013-000130
주소 서울시 마포구 동교로27길 53 308호
전화 0505-566-5522 | 팩스 02-6008-1777

메일 greenrainbooks@naver.com
인스타 @greenrainbooks @greenrain_1318
블로그 http://blog.naver.com/greenrainbooks

ISBN 979-11-93296-88-2 (03450)

* 정가는 책 뒤표지에 있습니다.
* 파손된 책은 구입처에서 교환하실 수 있습니다.

기후위기는 국경을 모른다
지구를 위한 국제 협력 리포트
김기상 지음
POLAND 2018
초록비책공방

차례

3장 기후위기, 우리의 일상에 닿다

4장 지구를 위한 대화, 국제 협력의 현장

5장 미래를 위한 선택, 협력의 힘

프롤로그

기후 변화는 과학의 영역이자 기술의 영역이며 인류가 살아온 역사적 결과물이자 지구 공동체가 맞닥뜨린 가장 긴급한 문제이다. 이 책에서는 기후 변화가 갖는 과학적, 기술적, 인문학적 특성을 골고루 다루기 위해 노력했다.

역사를 좋아하는 독자에게는 '온도'라는 렌즈로 45억 년에 달하는 지구별의 역사를 바라보는 역사책으로 읽히기를 바란다. 지리를 좋아하는 독자에게는 다양한 지역의 자연 지리와 인문 지리가 기후 변화로 어떻게 영향받고 변화하는지 설명해 주는 책이 되기를 바란다. 소설과 스토리텔링을 좋아하는 독자라면 기후 변화를 발견하기 위해 고군분투했던 18~19세기의 과학자들 그리고 기후 변화의 위험성을 당당하게 증언한 용감한 과학자들의 이야기에 귀 기울여주기를 바란다. 과학과 기술을 좋아하는 독자라면 이 책에 등장하는 각종 기후 변화 관련 기술에 관심을 가져주면 좋겠다.

이 책은 총 5개의 장으로 이루어졌다.

1장은 최근 덥다 못해 뜨거워지고 있는 지구별의 기후 변화 양상을 자세히 살펴보고, 이러한 기후 변화가 언제 누구에 의해서 처음 밝혀졌는지, 화석 연료가 어떠한 특징을 갖는지를 살펴보았다.

2장에서는 기후 변화가 몰고 오는 엄청난 피해들을 하나하나 짚어보았다. 농작물에 미치는 피해, 해수면 상승, 생물 다양성 위협 그리고 경제적 부담에 이르기까지 폭 넓고 다양한 측면을 다루었다.

3장에서는 우리가 미처 기후 변화의 피해라고 생각지도 못했던 그러나 매우 심각한 피해를 다루었다. 기후 변화가 우리의 현재와 미래에 이렇게나 깊숙하고 복잡한 피해를 끼치고 있었는지 알게 되면 놀랄 수도 있다.

4장에서는 기후 변화를 막기 위해 인류 공동체가 지금까지 해온 노력을 담았다. 교토의정서와 파리기후협약 등을 포함해 국제 사회가 쏟아온 그동안의 노력을 쉽고 일목요연하게 정리해 놓았다.

마지막 5장에서는 앞으로 인류가 노력해야 할 것들을 담았다. 특히 최근 3~4년 사이에 국제 사회에서 논의되고 있는 기후 변화와 관련된 최신 이슈들을 이해하기 쉽게 설명해 놓았다. 화석 연료를 발생시키는 각 산업 분야별로 지금부터 어떠한 노력이 필요한지도 자세히 살펴보았다. 이 책을 읽고 탄소 감축을 위해서 국제 협력이 얼마나 중요한지 깨닫게 되기를 바란다.

이 책을 쓰면서 많은 분에게 도움을 받았다. 우선 기후 변화 관련 국제 협력의 권위자이신 고려대학교 정서용 교수님의 가르침이 이 책을 가능하게 만들었다. 국제 협력 분야에서 우리나라 최고의 기관에 근무하면서 뛰어난 동료 직원들에게 많은 영감을 받을 수 있었다. 한국수출입은행 경협평가부 정성수 박사님, 강경재 박사님 그리고 한국수출입은행 국제탄소감축팀의 오재훈 팀장님과 김동혁 팀장님께 진심으로 감사드린다. 한국개발연구원*KDI*의 박종규 박사님, 한국외국어대학교의 손승호 박사님, 도화엔지니어링의 김영기 박사님께도 감사드린다.

마지막으로, 가장 감사드려야 할 분은 이 책을 선택하신 독자들이다. 우리가 만들어갈 미래를 고민하고 그 미래를 바꿔보기 위해 이 책을 선택했기 때문이다. 그런 여러분을 실망시키지 않기 위해 기후 변화의 다양한 측면을 빠짐없이 이 책에 담았다.

이제 우리의 미래를 바꾸기 위한 첫걸음을 한 번 내디뎌 보자. 그러기 위해서는 타임머신을 타고 약 45억 년 전에 파랗고 예쁜 지구별이 우주에 처음 만들어진 때로 가봐야 한다. 안전벨트는 매고 이제 출발해 보자.

1장

뜨거운 지구,
연결된 운명

45억 년 지구의 온도, 지금은 비상사태

뜨거운 용암이 식은 후

우리는 21세기를 살아가면서 미래의 기후 변화와 온도 상승을 걱정하고 있다. 이에 관해 이야기하기에 앞서 잠시 45억 년이 넘는 긴 역사를 지닌 지구의 과거 온도를 이야기해 보면 어떨까? '기온'이라는 렌즈를 통해 들여다본 지구별의 역사를 살펴보자.

지구가 처음 만들어졌을 때는 뜨거운 용암이 곳곳에서 흘러넘치는 무시무시한 땅이었다. 이후 수억 년에 걸쳐 각종 기체와 함께 공중으로 배출된 수증기가 비가 되어 내렸다가 다시 증발하는 작용이 반복되었다. 그 덕분에 지표면으로 분출된 용암도 서서히 식어가면서 굳어졌다.

매우 단순한 형태의 유기 생명체는 약 35억~37억 년 전에 나타난 것으로 알려졌지만 본격적으로 지구상에 생명체가 나타난 것은 약 5억 4,000만 년 전으로 이 사건은 '캄브리아기 생물 대폭발'이라고 불린다. 이 시기 이후는 크게 고생대(5억 4,000만 년 전부터 2억 5,000만 년 전까지, 대표적인 생물은 삼엽충), 중생대(6,600만 년 전까지, 대표적인 생물은 공룡), 신생대(6,600만 년 이후부터 현재까지, 대표적 생물은 포유류)로 나뉜다.

캄브리아기 생물 대폭발 직전까지의 역사는 지구 전체의 역사에서 무려 80%를 차지하며 '선캄브리아기'라고 불린다. 하지만 단순한 형태의 유기 생명체를 제외하고는 이렇다 할 생명체가 없었던 이 시기의 지구 온도를 정확히 추정하기는 매우 어렵다. 반면 생물체가 폭발적으로 증가한 캄브리아기 생물 대폭발 이후의 온도를 추정하는 것은 상대적으로 용이하다. 고대 생명체가 남긴 화석을 포함한 각종 흔적을 조사할 수 있기 때문이다.

다음 페이지의 그래프는 약 5억 4,000만 년 전부터 지금까지 지구의 기온을 추정한 그래프이다. 약 18도를 기준으로(가운데 점선) 지구 평균 기온이 이보다 낮으면 극지방과

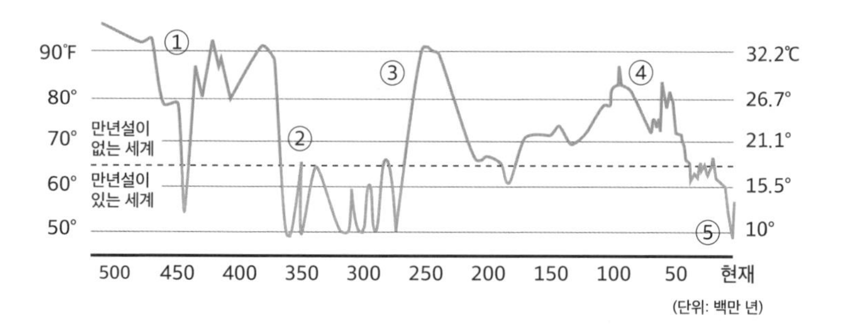

5억 4,000만 년 전부터 현재까지의 지구 평균 기온 (출처: 스미소니안 인스티튜트)

산악 지역에 만년설이 나타나지만 이보다 높으면 사라진다.

고생대 초기까지만 해도 지구는 매우 더웠고 그 때문에 생명체들은 무더운 육지가 아닌 비교적 시원한 수중에 서식했다(①번 시기). 이후 육상 식물이 나타나기 시작하면서 이들이 지구의 이산화탄소를 흡수해 평균 기온은 상당히 낮아졌고 극지방에서는 만년설이 나타났다(②번 시기). 이후 지표면의 화산 활동이 활발하게 일어나면서 지구 평균 기온은 등락을 겪었고(③번 시기), 약 2억 년 전 지구상에 처음 등장한 포유류는 평균 기온이 꽤 높았던 중생대 말기와 신생대에 지구의 지배자로 자리 잡았으며(④번 시기), 지금은 인류의 온실가스 배출이 지구의 평균 기온을 급격하게 높이고 있다(⑤번 시기).

1만 년 동안 거의 변화가 없었던 지구의 평균 기온

신생대가 시작된 지 얼마 안 된 5,600만 년 전은 지구상의 생명체가 가장 마지막으로 경험한 '무더운 지구'였다(④번 시기의 오른쪽에 있는 봉우리). 지구 전체의 평균 기온이 지금보다 10도 이상 높은 찌는 듯한 무더위가 온 지구를 뒤덮었다. 이 당시 남극과 북극 어디에도 만년설이나 얼음은 없었으며 극지방에서도 야자수가 울창하게 자라고 열대 악어가 유유히 헤엄쳤을 것으로 예상된다. '지구가 따뜻해서 살기 좋았겠다'라고 생각했다면 큰 착각이다. 이 시기는 지독한 무더위를 견딜 수 있는 생명체만 생존할 수 있는 혹독한 시기였다.

이후 지구에 무성해진 식물이 이산화탄소를 흡수하면서 평균 기온은 꾸준하게 하강했다. 그리고 약 2만 년 전 지구는 마지막 빙하기를 벗어났고 지금으로부터 약 1만 년 전부터는 지구 평균 기온이 안정적인 모습을 보이고 있었다.

"지구의 기후가 아주 오래전부터 더웠다 추웠다를 반복해 왔다면 지금 지구의 온도가 높아지는 게 도대체 무슨 큰 일인가?"

그에 대한 해답은 다음 페이지의 그래프에 있다. 이 그래

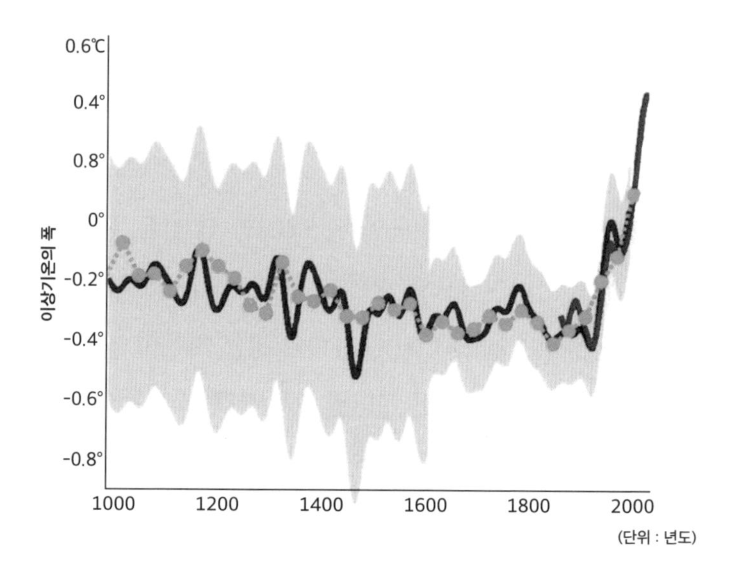

짙은 파란색 그래프는 마이클 만, 레이몬드 브래들리 및 말콤 휴즈가 조사해 1999년에 발표한 약 1,000년 간의 지구 북반부 평균 기온을, 옅은 파란색은 변동폭을 나타낸다. 초록색과 빨간색 그래프는 후속 연구를 통해 밝혀진 기온 변화이다. 1800년대 후반부터 아이스하키 스틱처럼 기온이 갑자기 치솟는 모습을 보여주고 있다. (출처 : 위키피디아)

프는 약 1,000년 전부터 현재까지의 지구 북반구의 평균 기온이 어떻게 변했는지를 자세하게 보여주고 있다. 가장 큰 특징은 1800년대 중반까지 지구의 평균 기온이 큰 변화가 없다는 점이다. 그런데 그래프를 따라 계속 오른쪽으로 가다 보면 매우 눈에 거슬리는 기온 변화가 끝부분에서 갑자기 나타난다. 수백 년 동안 거의 변화가 없던 지구의 평균 기온이 마치 아이스하키 스틱의 끝부분처럼 갑작스럽게 치솟기 시작한 것이다.

왜 이리도 크게 움직인 것일까? 무엇이 이러한 급격한 기온 변화를 촉발시킨 것일까? 이러한 급작스러운 기온 변화가 앞으로도 지속된다면 5,600만 년 전 지구가 경험한 극심하게 무더운 지구가 혹시라도 재현되는 것은 아닐까? 이 모든 질문에 대한 대답을 알아보기 위해 250년 전 영국으로 잠시 가봐야 한다.

우리가 쏟아낸 온실가스, 지구를 어떻게 바꿨나

인류는 1년에 약 510억 톤의 각종 온실가스를 배출하고 있다. 510억 톤이라는 무게를 좀 더 피부에 와닿게 비유하자면 이집트의 기자에 있는 피라미드(가로세로 길이 각각 약 230m, 높이 136m, 무게 약 570만 톤) 약 9,000개 또는 뉴욕에 있는 엠파이어 스테이트 빌딩(높이 443m, 무게 약 36만 톤) 약 15만 개에 해당하는 엄청난 무게이다.

인류는 왜 거대한 빌딩 15만 개의 무게에 해당하는 엄청난 양의 이산화탄소를 매년 대기 중으로 배출하는 걸까?

온실가스의 배출원에 대해서 알아보자.

증기 기관의 확산으로 촉발된 산업혁명

스코틀랜드 출신 발명가이자 기계공학자였던 제임스 와트*James Watt*는 기존의 증기 기관을 획기적으로 개선했다. 그가 개발한 성능 좋은 증기 기관은 1770년대 중반에 영국 콘월 지역에 있는 탄광 바닥에 고여있는 물을 빼내는 데 본격적으로 사용되기 시작했다. 하지만 그 이후로 성능이 지속해서 개량된 증기 기관은 광산업 이외의 여러 다른 산업 분야로도 급속도로 퍼지면서 경제 전체의 효율성을 끌어올렸다.

리처드 아크라이트*Richard Arkwright*는 당시 수력을 에너지원으로 하던 전통적인 방적기에 제임스 와트가 개발한 증기 기관을 연결함으로써 영국의 섬유 산업을 크게 바꿔놓았다. 영국의 철강 산업 또한 제임스 와트의 증기 기관을 도입해 생산성을 크게 높일 수 있었다. 1760년부터 1820년경까지 영국에서 시작된 기술의 혁신과 각종 제조 공정의 근대화는 이후 영국 사회를 크게 변모시켰는데 이 시기를 '산업혁명'의 시기라고 부른다.

산업혁명은 이후 유럽의 여러 나라 및 미국으로 빠르게 퍼져나갔고 지금의 선진국들은 앞서거니 뒤서거니 하면서 산업혁명의 시기를 지나 경제 성장을 이루었다.

그런데 제임스 와트가 개발한 증기 기관을 포함해 산업혁명 시기 이후부터 현재까지 사용되고 있는 각종 운송 수단, 생산 수단은 한 가지 공통점을 갖는다. 석탄이나 석유 또는 가스와 같은 화석 연료를 에너지원으로 한다는 점이다. 화석 연료를 에너지원으로 하는 운송 수단과 생산 수단이 지구상에 등장하면서 지구의 대기에는 어떤 변화가 나타났을까?

온실가스 배출과 정확하게 비례하는 지구의 온도 상승

다음 그래프를 보면 인류가 산업혁명 이후 얼마나 많은 이산화탄소를 배출해 왔고(오른쪽 회색 축), 이러한 이산화탄소가 지금 대기 중에 얼마나 축적되어 있는지(왼쪽 파란색 축)가 그려져 있다. 산업혁명 시기를 전후해 280ppm이던 대기 중의 이산화탄소는 이제 400ppm을 훌쩍 넘어섰다. 인류의 온실가스 배출이 본격화된 시기가 화석 연료를 급격하게 사용하기 시작했던 산업혁명 시기라는 데에 거의 모든 과학자가 의견을 같이한다.

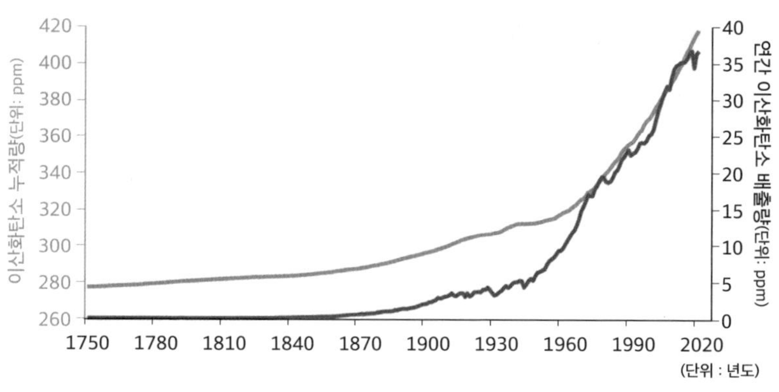

1750년부터 2022년까지 이산화탄소 배출량과 누적량 (출처 : 미국해양대기국)

그렇다면 탄소 배출량과 기온은 어떤 관계가 있을까? 이산화탄소의 농도와 지구의 평균 기온은 거의 완벽하게 정비례한다. 즉 이산화탄소의 농도가 높아지면서 지구의 기온이 급격하게 상승하고 있다.

무너지는 생태계, 그 시작은 어디였을까

생각보다 빨리 발견된 온실가스와 기온과의 관계

1820년대 프랑스의 수학자이자 물리학자였던 장 밥티스트 푸리에*Jean Baptiste Joseph Fourier*는 끈질긴 수학 계산 끝에 지구의 온도에 대한 재미있는 사실을 하나 발견했다. 지구가 태양열만으로 데워진다고 가정하면 평균 기온이 영하 18도 정도인 매우 추운 행성이어야 한다는 사실이었다. 하지만 실제로 지구는 평균 기온이 약 15도에 이르는 따뜻한 행성이라는 점이 그를 혼란에 빠뜨렸다.

장 밥티스트 푸리에는 '태양열 이외에 우주로부터 또 다른 열에너지를 흡수하는 것은 아닐까?'라는 추측을 하였다. 현대 과학의 입장에서 재검토해 보면 부정확한 추측이었다. 또한 '지구의 대기가 추운 우주로부터 지구의 열을 보호하는 일종의 단열재 역할을 하는 것은 아닐까?'라는 추측도 하였지만 이를 뒷받침할 과학적 근거는 제시하지 못했다.

장 밥티스트 푸리에

그는 온실가스가 지구의 복사열이 우주로 빠져나가는 것을 막는다는 온실 효과를 정확하게 설명하지는 못했다. 발달한 실험 장비나 다른 과학자들의 선행 연구로부터 도움을 받지 못했던 장 밥티스트 푸리에가 무려 33도에 달하는 온도 차이를 설명하기는 쉽지 않았다. 결국 지구의 온도가 이렇게 따뜻하다는 현상만 밝혔을 뿐 정확한 이유를 밝히지는 못했다. 하지만 무려 200년 전에 지구가 받는 태양열의 양과 실제 지구 온도 사이에 차이가 있다는 점이 이미 밝혀진 것이다.

존 틴달 (출처 : University College London)

그로부터 약 30년이 지난 1859년 아일랜드의 유명한 물리학자이자 발명가였던 존 틴달*John Tyndall*은 온실 효과가 지구의 평균 기온을 약 15도로 유지하는 원인이라는 사실을 정확하게 밝혔다. 그는 영국왕립학회*Royal Institution of the Great Britain*의 회원으로 선정될 만큼 그 당시에도 저명한 과학자였다. 전기와 자기장에 관한 연구에서부터 빙하와 관련한 지질학, 적외선과 관련된 광학 분야에까지 그의 연구는 매우 광범위했다.

그중에는 기후 변화와 관련된 선구적인 연구도 포함되어 있는데 다양한 실험 끝에 '지구의 대기가 태양열을 받아들이기는 하지만 외부로 방출되는 것을 저지함으로써 그 결과 지구의 표면에 열이 축적된다'라고 정확하게 결론 내림으로써 온실 효과의 존재를 과학적으로 완벽하게 설명해 냈다. 그 덕분에 그는 '기후 변화의 아버지'라는 별명으로 오랫동안 불려 왔다.

이산화탄소와 기온 상승의 관계를 최초로 밝힌 무명의 여성 과학자

그런데 2011년을 전후해 흥미로운 발견이 이루어졌다. 은퇴한 광물학자였던 레이먼드 소렌슨*Raymond Sorenson*은 1850년대의 미국 과학 저널을 뒤지다가 유니스 뉴턴 푸트*Eunice Newton Foote*라는 여성 과학자가 1856년 〈American Journal of Science and Arts〉라는 유명한 학술지에 기후 변화와 관련한 흥미로운 논문을 발표했다는 사실을 발견했다. "태양열에 영향을 미치는 환경들*Circumstances Affecting the Heat of the Sun's Rays*"이라는 제목의 논문이었다.

그녀는 몇 개의 실린더에 다양한 종류의 기체를 넣고 양지와 음지에 각각 오랫동안 놔두었는데 양지에서 이산화탄소를 담고 있던 실린더의 온도가 가장 많이 올랐다는 사실을 밝혔다. 그때까지 존 틴달이 기후 변화의 아버지라고 알고 있던 세계 과학계는 적잖이 놀랐다. 존 틴달보다 약 3년 앞서서 이산화탄소가 대기 온도 상승에 직접적으로 기여한다는 사실을 최초로 증명한 사람이 무명의 여성 과학자라는 사실이 그제야 비로소 밝혀졌기 때문이다.

물론 영국왕립학회의 튼튼한 재정 지원과 각종 최첨단 실험 장비를 활용할 수 있었던 존 틴달이 오늘날 온실 효과라 고 불리는 현상을 가장 정확하게 설명한 최초의 과학자인 것은 사실이다. 하지만 유니스 뉴턴 푸트의 업적도 잊어서는 안 된다. 비록 '온실가스가 지구로부터 방출되는 복사열을 붙잡기 때문에' 지구가 더워지고 있다는 사실을 정확하게 밝히지는 못했지만 존 틴달보다 훨씬 열악한 실험 장비만으로도 이산화탄소가 가진 열을 흡수하는 능력을 발견해 냈기 때문이다.

지구 온난화의 예상 기한 1,000년

1903년 노벨 화학상을 받은 스반테 아레니우스*Svante Arrhenius*는 물리학자이자 화학자였는데 스웨덴 사람으로는 최초로 노벨상을 받은 사람이다. 그는 대기 중에 얼마만큼의 이산화탄소가 있으면 기온이 얼마나 상승하는지 최초로 계산했다.

자신이 생각해 낸 공식을 바탕으로 끈질기게 계산을 거듭한 결과 이산화탄소의 양이 절반 정도 감소하면 지구의 평균 기온은 약 4~5도 낮아지고, 그 양이 2배로 증가하면 기온은 5~6도 정도 오를 것이라는 예측을 1898년을 전후해 발표했다. 물론 현대의 과학자들이 좀 더 정교한 계산 끝에 내린 결론과 그의 연구 결과에는 차이가 난다.

스반테 아레니우스

스반테 아레니우스는 화석 연료와 관련해서도 중요한 주장을 펼쳤다. 인류가 화석 연료를 사용하는 것이 지구 온난화를 촉발할 것이라고 주장했다. 지금은 거의 모든 사람이 화석 연료 사용이 전 지구적인 기온 상승을 불러올 것이라는 주장을 받아들이고 있는데 이 주장을 처음으로 제기한 사람이 1900년대 초반에 활동한 스반테 아레니우스이다.

스반테 아레니우스가 살던 시기는 지금보다 훨씬 산업이 덜 발달한 시대였고, 따라서 화석 연료도 덜 사용되는 시대였다. 그는 당시의 정보를 바탕으로 대기 중의 이산화탄소가 50% 증가하는 데 1,000년은 걸릴 것이라는 낙관적인 전망을 제시했다.

그렇다면 그가 이런 주장을 펼친 1900년대 초반부터 100년 동안 대기 중 이산화탄소는 실제로 얼마나 증가했을까? 무려 30%나 늘어났다. 불과 100년 전 과학자가 예측한 속도보다 수십 배나 빠르게 대기 중에 이산화탄소가 늘어난 것이다.

화석 연료,
지구를 끓이는 불씨

주요 화석 연료는
석탄, 석유, 천연가스

약 120년 전 스웨덴의 화학자 스반테 아레니우스는 지구 온난화의 원인으로 화석 연료를 지목했다. 그렇다면 화석 연료는 무엇이고 어떻게 만들어진 것일까?

오래전에 생존하던 육상 식물이나 수중 식물과 같은 유기 생명체의 일부는 죽은 뒤 부패하지 않고 퇴적되는 경우가 있었다. 이러한 퇴적물은 오랜 세월을 거쳐 산소나 질소 등의 성분이 사라지고 가연성이 있는 탄소만 남아 돌처럼 딱

딱하게 굳어졌다.

기나긴 시간과 엄청난 압력 그리고 뜨거운 열이 함께 작용해 만들어진 이것이 오늘날 인류가 사용하고 있는 석탄이다. 석탄은 가장 대표적인 화석 연료로, 탄소의 함량이 비교적 낮은 이탄과 갈탄부터 탄소의 함량이 높은 무연탄까지 여러 종류로 나뉜다. 지질학자들의 연구에 따르면 지구에 존재하는 석탄의 상당 부분은 약 3억 6,000만 년 전에 시작되어 6,000만 년가량 지속된 고생대 석탄기 시기에 만들어졌다.

중생대에 들어서도 석탄은 계속 만들어졌지만 중생대에 만들어진 가장 대표적인 화석 연료는 석유이다. 중생대가 시작된 2억 5,000만 년 전부터 신생대가 시작되는 6,600만 년 전까지 전 세계에 매장된 석유의 약 70%가 만들어진 것으로 추정된다. 석유가 중생대에 만들어지기는 했지만 공룡과 같은 육상에 사는 대형 동물의 사체가 퇴적되어 석유가 만들어졌다고 착각해서는 안 된다. 석유는 플랑크톤이나 수생 동식물이 죽은 후 퇴적되어 만들어진 것이다.

이렇듯 우리나라 발전소의 3분의 2 이상을 책임지는 석탄과 우리를 목적지까지 실어다 주는 자동차의 연료는 최소한 수천만 년에서 수억 년 전에 지구상에 존재했던 작은 플랑크톤과 육상 및 수상 식물에서 유래된 것이다.

한편 천연가스도 주요 화석 연료 중 하나이다. 대다수의 경우 원유가 발견되는 곳에서 동시에 발견되곤 하지만 땅속 깊이 들어가면 가스만 단독으로 존재하는 경우도 있다. 미국을 비롯한 몇몇 국가에서는 퇴적암의 일종인 셰일*shale* 속에 갇혀있는 천연가스를 추출하는 방식으로 생산하기도 한다. 천연가스는 석탄 및 석유와 비교해 상대적으로 이산화탄소를 적게 발생시키는 것으로 알려져 있다.

그렇다면 인간은 언제부터 화석 연료를 사용한 것일까? 석탄의 경우 고대 그리스 시대부터 대장장이들이 연료로 사용했다는 기록이 있고, 중국에서도 이와 비슷한 시기에 석탄을 사용한 것으로 추정된다. 이후 고대 로마 시대에 이르러서는 대중목욕탕의 물을 데우는 데 석탄이 사용될 정도로 이미 오래전부터 인류에게 친숙한 연료였다. 그 후로 오랫동안 인류는 석탄이나 석유에 담겨있던 화학적 에너지를 연소시켜서 열에너지로 바꾸는 데만 관심을 가져왔다.

하지만 1700년대 이후 석탄이나 석유 등에 담겨있던 화학적 에너지를 열에너지로 바꾼 후 최종적으로 운동 에너지로 바꿀 수 있는 증기 기관이 발명되면서 인류는 완전히 새로운 세상을 맞이하게 된다. 이 운동 에너지가 피스톤을 거쳐 펌프나 바퀴를 힘차게 굴림으로써 제조업은 더 효율화되고 운송 수단은 더 커지고 빨라졌으며 이를 통해 산업혁명이 가능했다.

화석 연료의 부작용을 숨기려 시도한 에너지 기업

이미 1900년대 초반부터 화석 연료의 사용이 지구 온난화를 불러일으킬 수 있다는 예측이 과학계에서 제기되었다. 이후 자원 고갈과 환경 오염 문제 등을 고민하는 사람들이 꾸준히 목소리를 높이기 시작했다.

1972년 세계 주요국의 지식인들이 모여서 만든 로마클럽*Club of Rome*은 인류가 직면한 환경 오염과 자원 고갈 등의 문제로 인해 성장의 한계에 직면했다는 내용을 담은 보고서를 내놓았다. 제목도 〈성장의 한계*The Limits to Growth*〉라는 직설적인 이름이었다. 1972년은 스웨덴의 스톡홀름에서 유엔인간환경회의*United Nations Conference on the Human Environment*가 열린 해이기도 하다. 유엔이 인류와 환경의 공존에 대해서 전 지구적인 관심이 필요하다는 것을 인정하고 본격적으로 환경 보전에 관심을 갖기 시작한 시기가 이즈음이다.

환경 보전에 대한 관심이 높아지던 시기에 화석 연료를 생산하는 산업계는 어떠한 반응을 보였을까? 1978년에 작성된 미국의 거대 석유 회사인 엑슨*Exxon*의 내부 보고서가 몇 년 후에 외부에 공개된 적이 있는데 이 보고서에 따르면 공기 중에 이산화탄소가 얼마나 많아지면 지구 기온이 어느 정도 오를지에 대한 예측치를 엑슨은 이미 보유하고 있었다. 하지만 화석 연료를 생산해 판매하는 회사 입장에서는 이러한 화석 연료의 부작용을 인정하거나 외부에 공표할 필요성을 느끼지 못했다. 화석 연료의 사용과 판매가 줄어들면 회사의 이익이 줄어들기 때문이었다. 결국 회사는 입을 다물기로 결정했다.

1988년 미항공우주국*NASA*의 과학자인 제임스 핸슨*James Hansen*이 미국 상원 청문회에 출석해 지구 온난화의 위험성을 공개적으로 경고했다. 그의 메시지는 명확했다. 최근의 급격한 지구 온도 변화의 99%는 인간 활동에 기인한 것이라는 점이다. 그의 이러한 증언은 지구 온난화에 대한 대중의 이해도를 높이는 데 크게 기여했다.

이제 미국의 일반 국민도 화석 연료가 불러일으키는 온난화의 심각성을 본격적으로 인식하고 있다. 그럼에도 엑슨은 물론 다른 석유 회사들은 이러한 과학적 연구 결과에 지속해

미항공우주국 소속 과학자 제임스 핸슨
(출처 : AP)

서 의문을 제기하거나 기후 변화 관련 국제 협약에 동참하려는 미국 정부의 움직임을 조직적으로 방해했다.

제임스 핸슨의 의회 증언 1년 후인 1989년 엑슨의 주도로 세계기후동맹*Global Climate Coalition*이라는 조직이 만들어졌다. 기후 변화에 대응할 듯한 멋진 이름과는 달리 이 조직은 기후 변화와 관련된 과학적 발견에 의문을 제기하는 목적으로 만들어진 단체였고 2002년까지 기후 변화를 부정하고 의문을 제기하는 운동을 펼치다가 해산했다.

기후 변화를 저지하기 위해 국제적으로 합의된 교토의정서와 같은 협약을 미국 정부가 끝내 비준하지 않은 것도 엑슨과 같은 에너지 기업들의 집요한 로비 때문이었다. 중국에 이어 세계 2위의 이산화탄소 배출 국가인 미국이 교토의정서에 참여하지 않자 인도와 같은 거대 배출국도 연쇄적으로 참여를 거부했다. 결국 교토의정서가 절반의 성공에 그치는 데 미국의 불참이 결정적인 역할을 한 셈이다.

1998년에도 미국석유협회*American Petroleum Institute*는 세계 기후변화 커뮤니케이션 계획*Global Climate Science Communication Plan*이라고 불리는 계획을 수립해 여러 석유 회사와 함께 추진했다. 수백만 달러가 들어간 이 계획의 목적은 단 하나였다. 기후 변화와 관련된 과학적 발견이 불확실하다는 불신을 시민 및 정부의 정책 결정자 더 나아가 교사와 학생들에게 심어주자는 목적이었다. 미래 세대에게 기후 변화가 사실이 아니라는 의심을 심어주려고 작정한 것이었다. 엑슨, 셰브론을 포함한 에너지 기업과 관련 연구 단체가 이 계획에 적극적으로 참여했다는 것이 세상에 알려지면서 이들 기업과 연구 단체는 엄청난 비난을 받기도 했다.

이렇듯 에너지 업계를 중심으로 기후 변화가 사실이 아니라는 거짓 주장을 펼치는 단체들은 최근까지도 잘못된 정보를 생산하면서 꾸준히 존재하고 있다. 그리고 우리 주위에는 아직도 기후 변화를 믿지 않는 사람들, 화석 연료를 계속 사용하고 있는 발전소, 메탄가스를 내뿜는 축산 농가와 공장이 존재한다. 그러는 동안 지구는 기후 변화를 저지하는데 노력하지 않는 인류에게 자비를 베풀지 않았고 인류는 기상 관측 역사상 가장 더운 여름을 맞이하게 된다.

지구는 지금 열탕 중,
누가 왜 어떻게

다가온 지구 열탕화 시대

2025년 1월이 되자마자 미국의 국립해양대기국*National Oceanic and Atmospheric Administration, NOAA*은 2024년이 1850년 이래 가장 더운 해였다고 발표했다. 또한 2024년 기온이 20세기 전체(1901년~2000년)의 평균 기온보다 1.29도 올랐다고 발표했는데 이 기온은 산업혁명 이전 평균과 비교하면 무려 1.46도 높은 수준이었다.[1]

여름은 특히나 고역이었다. 2024년 7월 21일의 전 세계 평균 기온은 과거 80년 중 그 어떤 날보다도 높았다. 하지만 걱정스러운 점은 2023년에 인류는 이미 1850년 이후 가장 더운 6월과 7월을 경험했다는 것이다. 2023년 여름 전 세계에 무더위가 덮치자 몇몇 과학자는 최소한 10만 년 이래 이렇게 더운 7월은 없었다고 주장했다.[2,3] 하지만 불과 1년 만에 이 기록이 깨진 것이다.

더 심각한 점은 이런 상황이 전 지구적 현상이라는 것이다. 1951년에서 1980년까지의 평균 기온과 2024년의 평균 기온을 비교했을 때 남아메리카의 일부 지역을 제외하고는 지구 모든 곳의 기온이 가파르게 올랐다.

육지뿐만 아니라 바다도 몸살을 앓고 있다. 전 세계 바다의 수온도 2023년 들어 사상 최고치를 기록한 채 좀처럼 내려가지 않고 있다. 선진국과 개발도상국, 남반구와 북반구, 육지와 바다, 도시와 농촌. 어느 곳 하나 예외가 없다. 이제 더 이상 지구는 온난화*Global warming* 되고 있지 않다. 마치 끓는 점을 넘어선 물처럼 '지구 열탕화*Global boiling*'의 시대에 접어들었다.

기후 변화라는 '지옥의 문'

유엔을 포함한 주요 국제기구들도 순식간에 가속화된 기후 변화에 대해 목소리를 높이기 시작했다. 안토니오 구테흐스*Antonio Guterres* 유엔 사무총장은 2023년 7월 "지구 온난화의 시대는 이제 끝났다. '지구 열탕화의 시대'가 왔다(The era of global warming has ended and the "era of global boiling" has arrived)"라는 강력한 메시지를 냈다.[4]

실제로 2023년 여름 중국 신장 위구르 자치구의 투르판에서는 최고 기온 52.2도를 기록하면서 중국 기상 관측 역사상 최고 기온을 기록했고, 유럽의 그리스, 스페인 동부, 이탈리아 남부에는 45도가 넘는 폭염이 찾아왔다. 미국 캘리포니아의 데스밸리는 최고 기온 50도를 기록했고, 애리조나 주의 피닉스시는 2023년 8월 중 무려 29일의 최고 기온이 40도를 넘어섰다.

왜 이리도 무더운 것일까? 가장 첫 번째 이유는 온실가스에 의한 기온 상승 때문이다. 미국 국립해양대기국은 2024년 12월 대기 중 이산화탄소 농도가 400년 만에 최고 수준을 기록했다고 발표했다.

대기 중에 이산화탄소가 더 많이 축적될수록 지구의 평균 기온은 꾸준하게 상승한다. 대기 중에 많은 이산화탄소가 축적되다 보니 온실 효과가 지구의 평균 기온을 끌어올린 것이다. 대기 중의 이산화탄소 농도와 지구의 평균 기온이 정비례하고 있다는 점을 기억해 보면 대기 중의 이산화탄소가 줄어들지 않는 한 평균 기온의 상승은 계속될 것이다.

두 번째 이유는 엘니뇨 현상 때문이다. 엘니뇨*El Niño*는 스페인어로 '크리스마스의 아이*El Niño de Navidad*', 즉 예수 그리스도를 일컫는 별명이다. 중남미 서해안에 거주하는 주민들이 2~7년 주기로 크리스마스를 전후해 강수량이 평소보다 늘어나는 현상에 엘니뇨라는 이름을 붙인 데서 기원했다.

원래 적도 인근에서는 무역풍이 1년 내내 불면서 동쪽(남아메리카 인근의 동태평양)의 따뜻한 물을 서쪽(인도네시아 등의 서태평양)으로 이동시킨다. 하지만 무역풍이 약화되어 이러한 물의 흐름이 반대로 뒤집히게 되면 따뜻한 해류가 동태평양 방향으로 흐르는 이상 기후가 발생한다. 그 결과 동태평양(남아메리카)에는 비가 많이 내리고, 서태평양(인도차이나 및 호주 등)에는 극심한 가뭄이 나타난다.

2023년에도 엘니뇨가 나타나 인도네시아, 인도, 호주 등 태평양의 서쪽 지역에 위치한 나라에서 가뭄과 무더위가 나타났다. 이것이 세계 평균 기온 상승에 영향을 미쳤다. 한

번 흐트러진 해류의 움직임과 높아진 기온이 좀처럼 정상화되지 않으면서 2023년은 물론 2024년까지 가장 더운 해가 된 것이다.

마지막으로 2022년에 태평양의 작은 섬나라 통가에서 발생한 화산 폭발을 무더위의 원인으로 지적하는 과학자들도 있다. 보통 화산이 폭발하면 막대한 화산재가 분출되어 햇볕을 가리면서 일시적으로나마 지구의 기온이 낮아지는 효과가 있다. 실제로 2022년 1월에 발생한 통가 화산 폭발은 20세기 이후 가장 큰 화산 폭발로 기록되었고 이로 인한 기온 하강 효과가 남반구 지역에 나타났다.

하지만 높이 30km까지 치솟은 화산재와 연기 속에 포함되어 있던 수증기가 성층권에 자리 잡으면서 상황이 달라졌다. 수증기 역시 이산화탄소와 마찬가지로 태양열 에너지를 붙잡아두는 온실 효과를 가지고 있다. 결국 화산 폭발로 분출된 막대한 양의 수증기가 그렇지 않아도 더워진 지구에서 빠져나가려는 태양열을 계속 지구에 붙잡아놓으면서 지구 평균 기온 상승에 기여한 것이다.

엘니뇨 현상의 부작용이 오랜 기간 계속된다는 점, 성층권까지 올라간 엄청난 양의 수증기가 쉽사리 사라지지 않는다는 점 등을 감안하면 2023년 이후로도 무더운 날씨가 계속될 거라는 예측을 미국 국립해양대기국이 내놓았는데 그 우울한 전망이 2024년에 적중했다. 이제는 무더운 날씨가 새로운 일상*New Normal*이 되는 시기가 되었다.

인류의 기상 관측 역사상 가장 고통스러웠던 3개월의 여름이 지나가던 2023년 9월 안토니오 구테흐스 유엔 사무총장은 "인류가 지옥문에 들어섰다.(Humanity has opened the gates of hell.)"라며 강한 어조로 경고했다. "홍수에 작물이 쓸려나가는 것을 농부들이 넋을 잃고 바라보고 찌는 듯한 무더위는 질병을 옮기고 수천 명의 주민이 산불에 쫓기는 상황 속에서도 기후 변화를 막기 위한 행동은 미미하기만 하다."라고 그는 공개적으로 평가했다.

이런 와중에 빠르면 2030년대에, 늦어도 2050년대에는 산업혁명 이전과 비교해 지구의 평균 기온이 1.5도 이상 오를 가능성이 매우 높다는 예측 결과가 쉬지 않고 발표되고 있다.

실제로 2024년이 지난 후 찾아온 2025년 1월에도 지구 평균 기온은 내려갈 줄 몰랐다. 2025년 2월 유엔의 발표에 따르면 2025년 1월은 산업혁명 이전의 평균보다 1.75도, 1991년에서 2020년 평균과 비교하면 0.79도나 높은 매우 더운 1월이었다. 2023년 여름 이후 거의 1년 반 동안 월별로 측정한 지구의 평균 기온이 산업혁명 이전보다 1.5도 이상

인 상황이 지속되고 있다.[5]

이제 기후 변화 연구자들은 산업화 이전과 비교하여 1.5도 이내로 온도 상승을 억제하는 데 실패한 것은 아닌지 우려하기 시작했다. 얼핏 들으면 1.5도라는 온도 차이는 그리 크게 느껴지지 않는다. 그러나 그 차이가 인류에게 주는 의미는 매우 크다.

그 온도 차는 왜 중요한 것일까? 그리고 지구의 평균 기온이 산업혁명 이전과 비교해 1.5도 더 나아가 2도 이상 높아지면 지구와 인류의 삶에는 어떤 일이 생기는 걸까? 인류가 이런 변화에 대응할 수 있을까? 혹시 너무 늦은 것은 아닐까? 그에 관한 이야기를 본격적으로 해보자.

2장

위기의 지구, 함께 마주한 현실

전 세계가 동시에 겪는 기후 재난

이제는 일상이 되어버린 이상 기후

산업혁명 이후 250여 년간 지구의 평균 기온은 1.1도가량 오른 것으로 알려져 있다.

"250년 동안 겨우 1도 오른 걸 가지고 전 세계 과학자들과 환경 운동가들이 이렇게 호들갑이란 말이야? 지나치게 과민 반응하는 거 아냐?"

"과거 수억 년 동안 지구의 평균 기온이 수십 도씩 오르내렸는데 겨우 1도 오른 걸 가지고 이렇게 시끄럽게 떠들다니…. 다들 지나치군."

이렇게 생각할 수도 있을 것이다.

과연 그럴까? 두 가지 점을 생각해 봐야 한다. 첫째, 기온이 1도 정도 변화한다면 굳이 긴소매에서 반소매로 옷을 바꿔 입을 필요도 없을 정도로 미미한 변화이다. 아침에서 점심까지의 몇 시간 동안에도 기온이 몇 도씩 오르내리는 우리나라 날씨를 떠올린다면 더욱 그러하다.

하지만 지구의 모든 곳에서 일제히 평균 1도가 올랐다면 이야기가 달라진다. 영하 수백 도의 추운 우주에 떠 있는 지구와 같은 큰 물체가 꾸준하게 데워져서 기온이 무려 1도 올랐다면 이 거대한 '물체'에 엄청나게 많은 에너지가 추가로 축적되었기 때문이다.

둘째, 평균적으로 1도 상승했다는 이야기는 달리 표현하면 일부 지역은 그보다 덜 오르고 다른 지역은 더 많이 올랐다는 이야기이다. 미국 북서부 해안의 현재 기온은 1951~1980년 동안의 평균 기온과 비교했을 때 약 0.7도 상승했지만 북극은 무려 3도나 상승한 것으로 추정된다. 이제 몇몇 지역에서는 여름에 극심한 폭염을 경험하는 게 일상이 되어버렸다. 2022년 초여름 인도의 북부와 파키스탄에서는 몇 주 동안 이상 고온 현상이 나타났다. 인도 북부의 넓은 지역에서 평년 기온보다 최소 3도에서 최대 8도 이상 되는 고온이 몇 주간 계속되면서 수십 명이 더위에 목숨을 잃었다. 세계기상기구*World Meteorological Organization, WMO*는 '기후 변화로 인해 인도와 파키스탄 지역에 발생했던 폭염 발생 가능성이 과거에 비해 무려 30배나 증가했다'는 암울한 발표를 내놓았다. 2023년 6월에도 대자연은 인도에서도 상대적으로 더 낙후된 북부 지역에서 무자비한 맹위를 떨쳤다. 무려 47도를 넘나드는 폭염이 인도 북부 우타르프라데시 주에 계속되면서 열사병에 수많은 사람이 쓰러졌다. 이제는 폭염이 인간의 생존을 위협하는 수준에 이르렀다.

기후 변화 때문에 추워지는 날씨

선뜻 이해하기 힘들 수 있겠지만 기후 변화가 심해지면서 추운 날씨도 더 빈번하게 나타난다. 이 현상을 이해하기 위해서는 북극의 하늘에서 무슨 일이 벌어지는지를 먼저 이해해야 한다.

북극 상공의 16~48km 높이에는 '극소용돌이*polar vortex*'라

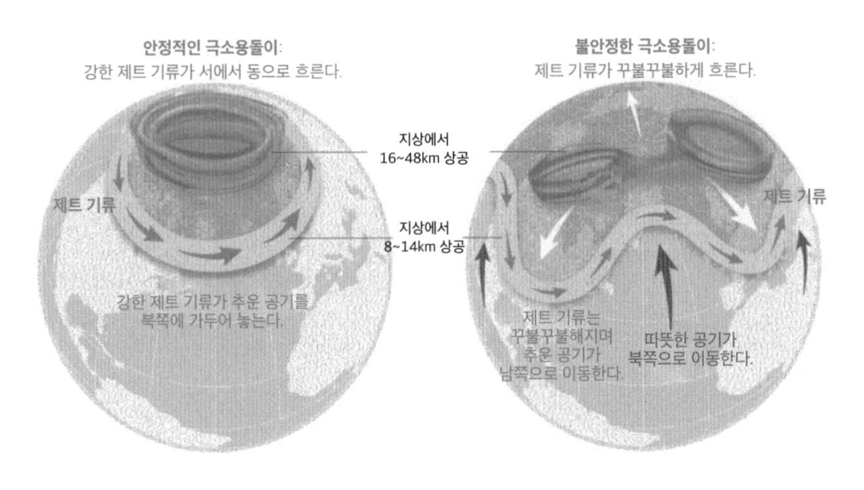

극소용돌이가 세력이 약해지면 북반구는 오히려 더 많은 한파를 경험한다. (출처 : 미해양대기국)

고 불리는 빠른 공기 흐름이 있다. 그보다 조금 남쪽에는 항상 서쪽에서 동쪽으로 빠르게 움직이는 제트 기류가 있다. 북극 상공의 날씨가 추울수록 극소용돌이는 안정적인 동그라미 모양을 갖추고 제트 기류도 좀 더 북쪽에 형성되며 북반구에 혹한이 찾아올 가능성이 작아진다(왼쪽 그림). 반면 북극 상공의 날씨가 따뜻할수록 극소용돌이는 불안정한 모습을 보이게 되며 그 영향으로 제트 기류도 마치 뱀처럼 꾸불꾸불한 모습을 나타낸다(오른쪽 그림). 이 경우 북반구의 몇몇 지역들은 평소보다 훨씬 추운 한파를 경험한다.[6]

과학자들은 최근 들어 북반구에서 겨울 한파가 늘어나는 것은 극소용돌이의 세력 약화 때문이라고 보고 있는데 가장 근본적인 원인은 기후 변화 때문이라고 믿고 있다. 북극은 산업혁명 이후 지구 평균보다 더 높은 3도가량 온도 상승을 겪었다. 그 결과 북극 상공의 극소용돌이도 약화되고 연쇄적으로 제트 기류도 힘을 잃으면서 북반구 일부 지역에 기습적으로 한파가 찾아온 것이라고 보고 있다.

2021년 1월 중순, 북극 상공에 있는 극소용돌이가 힘을 잃은 것이 관측된 적이 있었는데 그로부터 약 4주가 지난 2021년 2월 중순에 캐나다는 물론이고 미국의 거의 전 지역에 엄청난 추위가 찾아왔다. 이러한 갑작스러운 추위는 북반구의 어느 지역에나 발생할 수 있다. 유럽, 우리나라가 속한 아시아 그리고 북미 지역 모두 여름에는 폭염에 시달린 후에 겨울에는 오히려 한파가 찾아오는 상황을 더 많이 겪게 될 것이다.

대형 산불이 자주 발생하는 이유

기후 변화로 인해 초래되는 가장 직접적인 자연 현상은

폭염이라고 할 수 있는데 폭염은 여러 가지 부작용을 불러 일으킨다. 아프리카에 위치한 사헬지대에서는 계속되는 가뭄으로 건조한 지역이 확대되고 있고, 남부 유럽의 일부 국가들 역시 비슷한 경로를 걷게 될 것이다. 오랫동안 지속되는 덥고 건조한 날씨는 인간의 생활뿐만 아니라 식생에도 큰 영향을 미치는데 그 대표적인 결과가 바로 산불이다.

'딕시 산불*Dixie Fire*'이라는 별명으로 불리는 2021년의 캘리포니아 산불은 캘리포니아 역사상 가장 끔찍한 산불이었다. 서울 넓이의 6배가 넘는 3,800㎢의 삼림이 불에 탔으며 1,400여 채의 크고 작은 건물이 잿더미로 변했다. 최초 발화 원인은 전선에서 생긴 스파크였지만 이토록 넓은 면적으로 불이 번져 무려 3개월 동안이나 화재가 진압되지 않은 근본 원인은 바로 기후 변화였다.

2021년은 캘리포니아 기상 관측 역사상 가장 더운 한 해였고 캘리포니아를 포함한 미국의 서부 지역은 높은 기온과 평년의 절반에 불과한 강수량 때문에 1,200년 만에 최악의 가뭄을 겪었다. 어찌나 숲이 가물었던지 화재 직전에 캘리포니아 지역에 분포한 침엽수림 중 일부는 화덕에서 구워진 숯보다도 더 말라 있었다. 한마디로 대규모 산불이 발생할 최적의 조건을 갖추고 있었다. 이렇게 비정상적인 가뭄

2023년 6월 7일 캐나다에서 발생한 산불 연기가 미국 동부 뉴욕까지 내려오면서 뉴욕시 전체가 매캐한 먼지에 휩싸였다. (출처 : CNBC)

그리고 이러한 가뭄을 야기한 폭염 모두 기후 변화에서 초래된 부작용이다.

2023년에도 캐나다 동부에서 발생한 산불 연기가 미국 동부의 뉴욕까지 내려오면서 뉴욕시 전체가 먼지에 휩싸이기도 했다. 2019년부터 2020년까지 계속된 호주의 산불은 우리나라 전체 면적보다도 넓은 지역을 완전히 황폐화시켰다. 이 기간에 무려 10억 마리나 되는 야생 동물이 불에 타 죽거나 화재로 먹을 것이 사라지면서 굶어 죽었다.

이산화탄소를 흡수해야 할 삼림이 산불 때문에 오히려 대량의 이산화탄소를 발생시키는 배출원이 되어버렸다. 산불로 오염 물질의 배출이 늘어나면서 오존층에도 막대한 피해를 준 것으로 조사되었다. 남극과 북극에 있는 빙하에 화재에서 발생한 그을음이 쌓이면서 빙하가 더 빨리 녹고 이에 따라 해수면이 상승하는 악순환도 나타나고 있다.

너무나도 안타까운 점은 기후 변화로 인해 폭염과 가뭄이 빈번해지면서 이런 대형 산불이 사실상 일상화될 것이라는 점이다. 기후 변화의 피해가 삼림 지역에서는 대형 산불로 나타나게 될 텐데 인류가 농사를 짓는 경작지에서는 어떠한 모습으로 나타날까? 기후 변화가 인류의 식량 문제를 어떻게 악화시키는지 살펴보자.

당장 멈추지 않으면 벌어질 일들

기후 변화가 몰고 올 가장 치명적인 피해, 식량 부족

지금도 세계에서는 약 8억 3,000만 명이 식량 부족에 시달리고 있다. 당장의 끼니를 걱정해야 할 일이 없는 우리나라를 포함한 선진국의 시민들에게는 배고픔이라는 고통이 피부에 와닿는 문제가 아니지만 전 세계 인구 10명 중 1명에게는 극심한 고통이자 때로는 생명을 위협하는 생존의 문제이다.

식량 부족의 문제는 특히나 어린이들에게 치명적인 위협

이다. 세계보건기구*WHO*의 최근 보고서에 따르면 현재 전 세계에서 5세 미만의 아동 약 4,500만 명이 극심한 영양실조로 인해 선진국 어린이보다 12배나 높은 사망 위험에 노출되어 있다. 이외에도 5세 미만의 아동 1억 4,900만 명이 필수 영양소 부족으로 인한 발육 부진으로 고통받고 있다.[7] 결국 1년에 약 310만 명의 어린이가 영양실조로 죽어가고 있는데 이것은 하루에 약 8,500명 수준이다. 이 페이지를 읽고 있는 1분 동안 전 세계 어딘가에서 굶주린 어린이 6명이 목숨을 잃었다.

그 와중에도 세계 인구는 계속 증가하고 있으며 2050년에는 지금보다도 약 20억 명이 증가한 100억 명에 이를 것으로 전망되고 있다. 우리 지구는 이렇게나 많은 사람을 먹여 살려야 하는데 이를 더욱 어렵게 만드는 것은 무엇일까? 안타깝게도 기후 변화이다.

늘어나는 인구,
급감하는 농업 생산성

전 세계 사람이 가장 많이 먹는 4대 주요 작물은 쌀, 밀, 옥수수, 콩이다. 전 세계 인구 대부분인 약 70억 명은 이 4대

세계 4대 작물. 왼쪽부터 옥수수, 쌀, 콩, 밀

작물 중 한 개 이상을 매일 섭취하는 주식으로 삼고 있다. 이외에도 지역에 따라 감자, 고구마, 카사바, 얌, 바나나, 수수 등의 작물도 활발하게 재배되고 있다. 이러한 작물들은 모두 적정한 기온과 강수량 그리고 일조량이 필요하며 홍수나 이상 기온 등의 자연재해가 발생하면 수확량이 감소한다.

유엔식량농업기구*FAO*는 이미 지난 2016년 기후 변화에 따라 전 세계 농업이 어떠한 변화를 겪을지 예측한 보고서를 내놓았다. 우선, 인구가 100억 명에 도달할 2050년까지 농업, 어업, 축산업의 총생산량이 현재보다 무려 60%가량 증가해야만 현재의 식량 부족 문제를 해결하고 추가로 늘어나는 인구까지 먹여 살릴 수 있다고 지적했다.

그런데 여기에 중요한 함정이 하나 숨어있다. 식량 증산이 이루어져야 할 기간 동안 기후 변화의 영향으로 농업 생산성은 오히려 하락할 것이라는 점이다. 유엔식량농업기구는 같은 보고서에서 2100년까지 옥수수는 약 20~45%, 밀은 5~50%, 쌀은 20~30%, 콩은 30~60%가량 생산량이 줄어들 것이라고 예측했다.[8]

비교적 덥고 습한 아시아 지역을 중심으로 재배되는 쌀의 생산량은 상대적으로 적게 줄어들지만 선선하고 건조한 아메리카 지역에서 주로 재배되는 밀이나 콩의 경우 타격이 더 클 것이라는 전망이다. 한마디로 70년 정도 지나면 최악의 경우 인류는 절반가량 줄어든 농업 생산량으로 20억 명이나 늘어난 인구를 먹여 살려야 한다는 이야기이다. 급격하게 줄어드는 농업 생산량과 꾸준히 증가하는 세계 인구는 기후 변화에 직면한 인류에게 크나큰 부담이 될 것이다.

지역에 따라 갈리는 기후 변화의 영향

2021년에도 미항공우주국에서 좀 더 정교한 기후 변화 모델을 기반으로 주로 북미 및 남미 지역에서 재배되는 옥수수와 밀의 수확량을 예측했다.[9] 강수 패턴이 달라지고 기온이 상승하며 대기 중의 이산화탄소량도 증가하는 환경 속에서 밀과 옥수수를 재배할 수 있는 지역이 어떻게 바뀌고 수확량이 얼마나 변화할지 예측했는데 유엔식량농업기구의 2016년 예측과는 조금 달랐다.

옥수수의 경우 2100년까지 최대 24%가량 생산량이 감소할 것이라는 예측을 하였다. 최소 2억 명 이상에게 주식이 되는 옥수수의 생산량이 4분의 1가량 감소한다면 세계 전체의 식량 안보를 크게 위협할 수 있다고 미항공우주국은 밝혔다. 다만 밀은 당초 예상과는 달리 오히려 17%가량 생산량이 늘어날 수 있다는 예측 결과를 내놓았다. 이와 같은 예측은 두 가지 점에서 상당히 우려스럽다.

첫째, 식량 생산량 변화가 지역에 따라 불균등하게 나타난다는 점이다. 옥수수는 주로 평균 기온이 높고 소득 수준이 낮은 중남미, 서아프리카, 중앙아시아 등의 지역에서 재배되고 소비된다. 하지만 밀의 경우 미국, 캐나다, 호주 남부, 중국처럼 비교적 소득 수준이 높고 기후가 온화한 지역에서 생산된다.

기후 변화로 인해 캐나다 북부를 포함한 냉대 기후 지역으로 밀 재배 가능 지역이 확대되면서 선진국에서는 오히려 곡물 생산량이 증가할 것이라는 미항공우주국의 예측이다.

반면 주로 열대 지역에 위치한 가난한 나라에서는 이미 식량 부족을 겪고 있는데 앞으로 옥수수와 같은 곡물의 생산량이 더 감소하면서 식량 위기가 심화될 것이라는 전망이다.

둘째, 옥수수의 경우 빠르면 2030년부터 수확량 감소가 본격화될 것이고 생산량 증가가 예측되는 밀의 경우에도 2050년 이후로는 생산량 증가 폭이 현저하게 감소하여 그 이후로 50년간 대규모의 수확량 증가는 없을 것이라는 점이다. 즉 채 10년도 되지 않는 시기에 인류는 기후 변화가 초래할 식량 위기를 본격적으로 경험하게 될 것이며 그 첫 번째 충격은 소득 수준이 낮고 기후 변화를 초래하는 데 크게 기여하지도 않는 저소득 국가들이 경험하게 될 것이다.

우리나라는 기후 변화에 따른 식량 위기에 잘 대비하고 있을까? 안타깝게도 그렇지 않다. 2023년 우리나라 정부가 발표한 식량 자급률은 44%를 힘겹게 넘겼지만 곡물의 자급률은 20%를 겨우 넘긴 수준으로 경제협력개발기구*OECD* 회원국 중 최하위권이다.[10]

게다가 식량 자급률과 곡물 자급률은 지난 몇 년간 계속 하락하고 있다. 한국환경정책평가연구원 국가기후변화적응센터를 포함한 몇몇 연구 기관에서도 유엔식량농업기구 및 미우주항공국의 연구 결과와 유사한 수준, 즉 2100년까지 쌀 수확량이 25%가량 감소할 것이라는 예측을 하고 있다.[11] 그렇지 않아도 낮은 곡물 자급률이 더욱 떨어질 것이라는 이야기이다.

기후 변화로 식량 부족이 현실화되면 우리나라에 곡물을 공급해 주던 국가들이 지금처럼 선뜻 곡물을 수출해 줄지, 그렇지 않으면 자국의 식량 안보를 위해 수출량을 줄이거나 심지어 금지할지 지금으로서는 알 길이 없다. 빈곤과 식량 위기를 그저 남의 나라 일로만 여겨오던 우리나라에도 이제 식량 위기가 현실로 다가올 날이 얼마 남지 않았다는 우려가 든다.

바다에 잠기는 도시들, 해수면 상승의 경고

나라의 존립 자체를 위협하는 해수면 상승의 문제

2021년 11월 제26차 당사국총회*COP26*는 스코틀랜드의 글래스고에서 열렸다. 이 회의에 직접 참석하지 못한 태평양의 작은 섬나라 투발루의 사이몬 코페*Simon Kofe* 외교 장관은 회의 참석자들에게 영상 메시지를 보냈다. 유엔기와 투발루의 국기를 배경으로 깔끔하게 양복을 차려입고 카메라 앞에 선 그는 간절하게 호소했다.

“기후 변화는 우리 투발루의 존재 자체를 위협하는 치명

바닷가에서 제26차 당사국총회 연설을 한 투발루의 외교 장관 (출처 : Guardian)

적인 문제입니다. 이 문제를 해결하기 위해 국제 사회가 힘을 합해 주시기를 바랍니다."

카메라가 천천히 줌아웃하자 그가 서 있는 곳이 어디인지 드러났다. 그는 무릎까지 바지를 걷어 올린 채 바닷가에 서 있었다. 해수면 상승으로 나라 자체가 사라질 위기가 코앞에 닥친 투발루의 급박한 상황을 보여주는 상징적인 영상이었다.

투발루는 하와이와 호주의 중간쯤에 있는 아홉 개의 작은 섬으로 이루어진 나라로 면적은 26㎢이고 약 1만 2,000명이 사는 작은 나라이다. 해발 고도가 가장 높은 곳이 채 5m도

되지 않는 세계에서 가장 낮고 평평한 나라로도 유명하다.

이곳 주민들은 지난 1990년대부터 해수면 상승이 급격하게 진행되고 있다고 입을 모은다. 한때 넓고 풍성했던 모래사장이 모두 바닷물에 잠기면서 해안선에는 바위밖에 남지 않았고 그나마 몇 그루 남아있지 않던 코코아나무를 포함한 나무들도 사라져가고 있다. 조금이라도 파도가 심해지는 날이면 바닷가에 사는 주민들은 불안에 떨 수밖에 없다.

사이몬 쿠페의 말 그대로 기후 변화로 초래된 해수면 상승이 이제 투발루라는 나라의 존립 자체를 위협하는 무서운 재앙이 된 것이다. 그렇다면 투발루 주민들의 말대로 1990년대 이후 해수면이 눈에 띄게 상승했다는 말은 사실일까?

10cm 상승만으로도 야기되는 엄청난 피해

해수면 상승은 크게 두 가지 이유로 인해 발생한다. 첫째, 수온 상승에 따른 바닷물 부피의 팽창 때문이다. 바다는 온실가스로 인해 우주로 탈출하지 못한 복사열의 90%가량을 흡수하는 지구의 냉장고 역할을 하고 있다. 좀 더 생생하게 비유하자면 매초 히로시마에 떨어진 원자 폭탄 4~5개에 해당하는 엄청난 에너지를 바다가 흡수하고 있다는 이야기이다. 점점 더 많은 복사열이 바다에 흡수되면서 바닷물의 부피도 팽창했고 결과적으로 해수면 상승으로 이어진 것이다.

해양학자들은 해수면 상승의 3분의 1은 이러한 바닷물의 부피 팽창 때문이라고 분석한다. 그렇다면 나머지 3분의 2를 차지하는 이유는 무엇일까? 그것은 바로 기온 상승으로 녹아버린 빙하, 빙상, 빙붕이 바닷물에 유입되면서 해수면이 높아지기 때문이다. 우리는 육지 위에서 강이나 냇물에 흐르는 민물을 주로 보기 때문에 지구에 존재하는 물의 97%가 짠물(해수)이고, 민물(담수)은 3% 내외에 불과하다는 사실을 잊곤 한다. 게다가 3%에 불과한 담수의 약 4분의 3은 물의 형태가 아닌 얼음의 형태, 즉 빙하나 빙상, 빙붕의 형태로 존재하고 있다. 이렇게 얼음 형태로 육지 위에 존재하던 민물이 기후 변화로 녹아내려 바닷물에 유입되면서 해수면이 상승하는 것이다.

미항공우주국은 인공위성 자료, 연안에서 관측한 해수면 자료 등을 종합한 결과 1993년 이후 약 30년간 전 세계 바닷물의 평균 높이가 10cm가량 상승한 것이 맞다고 발표했다. 얼핏 생각하면 손가락 몇 마디 정도에 해당하는 10cm가 얼마나 큰 피해를 미칠지 의문스러울 수 있다.

하지만 몇 가지 점을 잊지 말고 기억해야 한다. 첫째, 바다는 모든 곳에 일정한 높이로 물이 차오르지 않는다. 바다에는 온도와 밀도가 다른 여러 개의 해류가 존재하며 이들은 지구의 다른 곳에 서로 다른 영향을 미친다. 그 결과 특정 지역의 해수면이 다른 지역의 해수면보다 더 높아질 수 있다. 둘째, 빙하나 빙붕이 급격하게 녹아내리는 지역에서는 그렇지 않은 열대 지역과는 다른 해수면 상승 속도를 경험하게 된다. 셋째, 배수 시설이 잘되어 있고 각종 자연재해에 대한 대비가 훌륭한 선진국에서는 큰 위협을 느끼지 못하겠지만 이러한 사회 간접 자본을 갖지 못한 채 해수면에 인접해서 살아가는 개발도상국 주민들에게는 작은 해수면 상승도 큰 위협이 될 수 있다.

우리를 좀 더 우려스럽게 하는 것은 해수면이 상승하는 속도이다. 1900년대 이후 해수면이 10cm 상승하는 데 80년이 넘게 걸렸지만 그 후 또다시 10cm 상승하는 데 약 30년밖에 걸리지 않을 정도로 해수면 상승 속도가 무섭게 가팔라졌다는 점이다.

이쯤 되면 바다가 상승한다는 표현으로는 부족하고 '솟구쳐 오른다'는 표현이 더 적절한 지경이다. 결국 2019년에 발표된 기후 변화에 관한 정부 간 협의체*Intergovernmental Panel on Climate Change, IPCC*의 보고서는 만약 온실가스 배출이 줄어들지 않고 지금처럼 계속된다면 2100년에는 전 세계 바다의 평균 높이가 최소 0.61m에서 최대 1.1m까지 높아질 것이라는 암울한 전망을 내놓았다.

삶의 터전을 잃을 수억 명의 인구들

현재 80억 명가량인 전 세계 인구 중에서 얼마나 많은 사람이 해안가 저지대에 살고 있을까? 저지대를 어떻게 정의하느냐 그리고 얼마나 가까이 사는 사람들을 포함하느냐에 따라 달라지겠지만 대략 6억 8,000만 명에서 최대 9억 명이 해안가 저지대에 살고 있는 것으로 추정된다. 세계 인구 10명 중 1명은 바닷가 근처에 살고 있다는 말이다.

우리나라에서도 인천과 부산을 포함한 많은 도시가 바닷가에 인접해 있다. 이들 약 9억 명 중에서 2억 7,000만 명가량은 투발루와 비슷한 환경, 즉 해수면에서 불과 2m 내외의 높이에 살고 있다. 2050년까지 해수면이 약 0.5m만 상승해

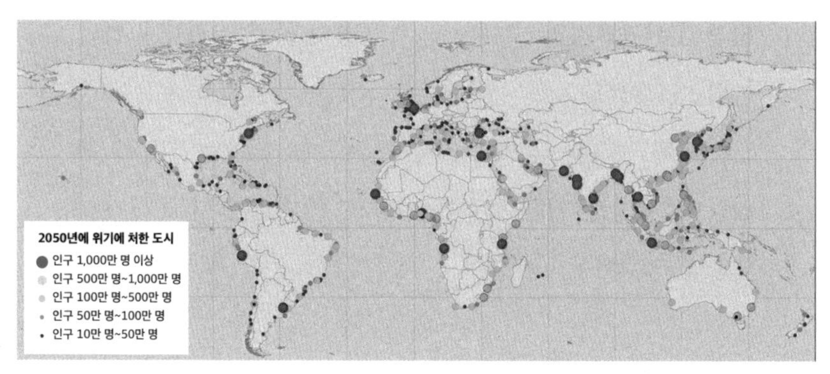

2050년에 해수면 상승으로 피해를 입게 될 세계 주요 도시 (출처 : c40.org)

도 서울, 베이징, 콜카타, 뭄바이, 카이로, 런던, 뉴욕 등 전 세계의 주요 대도시는 크고 작은 피해를 당하게 될 것이다.

이후에도 해수면 상승이 계속되어 그 높이가 1m에 이르면 이로 인한 직접적인 피해에 노출되는 인구 규모가 2100년에는 무려 4억 1,000만 명까지 급증할 것이라는 연구 결과도 있었다.[12]

인류는 오랫동안 강가나 바닷가에 자리 잡고 문명을 일궈 왔다. 고대 4대 문명인 황하 문명(중국 황하강), 이집트 문명(나일강), 메소포타미아 문명(티그리스-유프라테스강), 인더스 문명(인더스강)은 모두 큰 강가에 있었다. 현대의 대도시들도 모두 큰 강이나 바다에 인접해 있다. 수면이 상승해 이러한 터전이 사라진다면 그것은 인류 문명의 존재 자체가 위협받는다는 뜻이다.

서울과 뉴욕과 뭄바이가 머지않아 제2의 투발루가 될 수 있다. 하루라도 빨리 해수면 상승의 근본 원인인 온실가스 배출을 멈추어야 한다.

사라지는 생물들,
무너지는 생태의 균형

중남미 열대 우림의 파수꾼,
거미원숭이

거미원숭이*Spider Monkey*는 브라질을 포함한 중남미의 밀림에 서식하는 원숭이 중 하나로 몸에 비해서 길쭉한 팔과 꼬리를 가지고 있다. 수십 마리가 군집 생활을 하며 중남미에 서식하는 원숭이 중에서 가장 덩치가 큰 축에 속한다.

높이가 20~30m가 넘는 나무의 꼭대기에서 다른 나무의 꼭대기로 유유자적 옮겨 다니며 주로 과일을 먹는 거미원숭이는 이 나무와 저 나무를 자유롭게 옮겨 다니며 똥을 싼다.

주로 중남미에 서식하는 거미원숭이

그러다 보니 거미원숭이의 배설물에 섞여 있는 각종 과일의 씨앗이 여러 곳에 골고루 흩뿌려지게 되고 결과적으로 중남미의 열대 우림은 더욱 다채로운 모습을 갖추게 된다.

지면을 돌아다니는 타피르*Tapir*나 아구티*Agouti*와 같은 대형 초식 동물도 비슷한 역할을 한다. 이들 덕분에 땅에 뿌리를 내리고 성장한 수많은 나무가 이산화탄소를 부지런히 흡수하고 산소를 배출한다. 이쯤 되면 거미원숭이는 자신들은 의도하지 않았지만 열대 우림의 식물 다양성을 지키는 '다양성 지킴이'이자 지구의 기후 변화를 막는 '환경 운동가'라고 할 수 있다.

하지만 정작 거미원숭이는 다양한 이유로 생존을 위협받고 있다. 군집을 이루어 살아가는 거미원숭이는 큰 덩치에도 불구하고 똑똑하고 온순한 편이다. 그 때문에 수천 년 전부터 이 지역에 살던 원주민들의 관심을 끌 만했고 이에 따라 거미원숭이는 끊임없이 동물 남획에 희생되어 왔다. 농경지 확대를 위해 아마존 삼림을 파괴하는 인간의 활동 또한 거미원숭이를 위협한다. 결국 개체수가 급격하게 줄어들면서 국제자연보전연맹*International Union for Conservation of Nature and Natural Resources, IUCN*은 거미원숭이를 멸종 위기종으로 지정하기에 이르렀다.

이 지구상에는 거미원숭이처럼 하나의 생물종이 주변 생태계와 다양하면서도 지속적인 상호 작용을 주고받는 사례가 차고도 넘친다. 인류가 여태까지 발견하고 기록한 생물종이 160만 종 정도인데 아직도 발견하지 못한 생물의 종류가 700만 종 정도가 된다고 과학자들은 추정하고 있다. 그렇다 보니 우리가 채 알지도 못하는 크고 작은 생물들이 생태계와 어떠한 상호 작용을 주고받고 있는지 완벽하게 파악하기란 불가능하다. 게다가 인간이 환경에 미치는 크고 작은 영향이 더 커지면서 몇몇 생물은 인류에게 발견되기도 전에 사라지기도 한다.

생물 다양성이 중요한 이유

생물 다양성을 지키는 것은 왜 중요할까? 인류는 대체로

덩치가 크거나 지상이나 하늘에 살고 있는 멋진 생물에 대해서는 비교적 자세한 정보를 갖고 있지만 크기가 작거나 땅속 또는 바닷속에 살고 있는 미미한 생물에 대해서는 잘 알지 못한다. 그렇다 보니 우리는 생물 다양성 보호라는 말을 들으면 코뿔소나 벵골호랑이처럼 크고 멋진 동물들을 먼저 떠올린다. 물론 아프리카코끼리에 대한 밀렵을 막고 오랑우탄의 서식지를 지키는 것도 매우 중요한 일이다.

하지만 이 순간에도 지구의 생태계를 튼튼하게 떠받치고 있는 존재들은 우리의 눈길이 닿지 않는 땅속과 바닷속에서 온갖 궂은일을 도맡아 하고 있는 작은 곤충과 미생물들이다. 작은 미생물들이 토질을 비옥하게 만들지 않으면 수많은 곡식이 제대로 자라지 못하며 꿀벌이나 나비가 숨 가쁘게 일하지 않으면 꽃은 피지 않고 열매는 열리지 않는다.

수억 명의 생명을 구한 페니실린과 같은 항생제도 작디작은 푸른곰팡이에서 나왔다. 현재 실제로 사용되고 있는 암치료제 중 약 70%에는 자연에서 추출한 성분이 포함되어 있다. 이 순간에도 아직 발견되지 않은 미생물의 몸속 어딘가에는 인류를 질병으로부터 구원해 줄 미지의 물질이 숨겨져 있지는 않을까? 그 미생물은 인간이 저지른 환경 오염과 기후 변화로 인해 멸종 위기에 직면해 있지는 않을까?

이뿐만 아니다. 다양한 수종(樹種)으로 구성된 삼림은 홍수를 예방하며 풍성한 산호초와 맹그로브 숲은 해일이나 태풍으로부터 우리를 지켜준다. 인류가 대자연으로부터 얻는 평화와 안정감까지 생각하면 다양한 생물이 조화롭게 살아가는 생태계의 가치는 헤아리기 어려울 정도로 크다.

하지만 최근 들어 다양한 인간 활동이 생물 다양성을 위협하고 있다. 거주지와 경작지를 늘이기 위해 삼림을 파괴하고 농약과 비료를 사용하는 행위 그리고 지하자원을 채취하고 가공하는 행위들 모두 자연환경을 해치고 야생 동물의 생존을 위협하고 있다. 그것도 모자라 밀렵과 남획으로 300여 종에 달하는 포유류는 멸종 위기에 처해있고 전 세계 바다에서는 어족 자원이 고갈되기 시작한 지 오래다.

기후 변화가 생물 다양성에 미치는 영향

그렇지 않아도 심각하게 위협받고 있던 생물 다양성은 기후 변화의 피해가 본격화되면서 그야말로 회복 불가능한 수준으로 내려앉았다. 무서울 정도로 상승하는 기온으로 인해 육상 생물은 서식지를 잃어가고 있고 개체수가 빠르게 줄고 있다. 시원한 지역으로 이주할 수 있는 육상 생물들은 그나마 덜 불행한 축에 속한다.

2016년부터 단 2년이라는 짧은 기간 동안 호주의 그레이트 배리어 리프*Great Barrier Reef*는 절반가량이 폐사했다. 아무리 바닷물이 뜨거워져도 움직일 수 없는 산호는 고스란히 제자리에서 죽음을 맞이한 것이다.

기후 변화의 피해가 특정 지역에 국한되지 않고 전 세계에 미치다 보니 지구상의 어느 지역도 생물 다양성 감소라는 현상을 피해 가지 못하고 있다. 실제로 세계자연기금*World Wildlife Fund*에서 제시한 지구생명지수*Living Planet Index*는 충격적인 현실을 말해준다. 지구생명지수는 1970년대 이후 지구상에 살고 있는 대표적인 척추동물 5,230종의 개체수를 추적 조사한 자료인데 지난 40년간 이들 개체수는 무려 60% 가량 감소했다. 다시 말해서 1970년대 전 세계에 척추동물이 100마리가 살고 있었다면 2020년대에는 40마리 수준으로 줄었다는 것이다.

덩치가 큰 동물뿐만 아니라 작은 동물들도 개체수 감소를 피해 가지는 못했다. 독일의 63개 자연보호 구역을 27년간 추적 조사한 연구에 따르면 이 기간에 하늘을 나는 곤충이 무려 76%나 감소한 것으로 나타났다.[13] 우리 눈에 잘 띄지 않는 땅속의 곤충과 바닷속 미생물까지 감안한다면 얼마나 심각하게 생물 다양성이 침해받고 있는지 상상하기도 어려울 정도이다.

몇몇 생물학자는 인류가 생태계에 미친 피해가 워낙 커서 이제는 단순히 생물 다양성 감소의 수준이 아니라 '대멸종의 시대'에 들어섰다고 주장하기도 한다. 이제까지 지구 역사상 총 다섯 번의 생물 대멸종이 있었고 모두 자연조건의 변화에 따라 일어났지만 여섯 번째 대멸종은 오로지 인간의 활동, 즉 탄소 배출에 기인할 것이라고 주장한다. 아이스하키 스틱 곡선으로 유명한 마이클 만*Michael Mann* 교수는 "이미 대멸종의 시대는 도래했으며 지구가 더워지는 속도를 지구상의 생명체들은 따라잡지 못할 것이다."라는 무시무시한 경고를 하고 있다.[14]

기후위기와 경제 성장, 조화는 가능할까

기후 변화, 환경 문제가 아닌 경제 문제

2006년 10월 영국의 저명한 경제학자인 니콜라스 스턴 *Nicholas Stern*이 이끄는 연구진은 700페이지가 넘는 두꺼운 보고서를 완성해 발표했다. '기후 변화의 경제학에 대한 스턴 보고서 ***The Economics of Climate Change: The Stern Review***'라는 이름의 이 보고서는 훗날 '스턴 보고서'라는 이름으로 불리게 되는데 기후 변화가 미칠 경제적인 영향에 대한 최초의 연구 보고서로 평가된다. 발표 당시 적지 않은 충격을 불러일으킨이 보고서의 주요 내용은 무엇이었을까?

니콜라스 스턴

스턴 보고서는 기후 변화가 몇몇 과학자와 환경 운동가 사이에서만 논의되는 환경 문제가 아니라 지구상에 있는 모든 나라가 심각하게 고민해야 할 경제적인 문제라는 점을 분명히 밝혔다. 실제로 기후 변화에 대응하지 않고 현재 상황을 방치한다면 전 세계는 매년 영구히 국내총생산*GDP*의 5%에 달하는 손실을 볼 것이라고 경고했다. 반면 이러한 문제를 해결하기 위해 기후 변화 대응에 필요한 규모는 국내총생산의 약 1% 수준에 불과할 것이라고 예측함으로써 기후 변화 대응에 드는 비용이 기후 변화 대응에 실패하면 발생하게 될 손해보다 작다는 학문적 근거를 제시했다.

스턴 보고서가 발표되기 전까지 대부분의 사람은 기후 변화를 그저 '여러 가지 환경 문제 중의 하나' 또는 '경제적 손실을 계산하기 어려운 미래의 문제'로 취급해 왔다. 하지만 기후 변화로 인해 농업 생산성 저하와 식량 부족이 나타나

2018년 노벨 경제학상 수상자인 윌리엄 노드하우스 교수가 수상 연설을 하고 있다.
(출처 : 노벨상 위원회)

고 해수면 상승으로 인한 피해와 생물 다양성 감소가 나타나게 되면 너무나도 당연하게 막대한 경제적 손실이 있을 수밖에 없을 것이라는 점을 스턴 보고서는 콕 집어서 설명했다. 당시 유엔사무총장이었던 코피 아난은 스턴 보고서를 두고 '기후 변화가 환경 문제가 아닌 경제 문제라는 것을 보여준 증거'라며 칭찬을 아끼지 않았다.

그로부터 약 12년이 지난 2018년, 미국 예일대학교 경제학과 교수인 윌리엄 노드하우스*William Nordhaus*가 노벨 경제학상을 받았다. 노벨상 위원회는 기후 변화가 장기적인 경제 성장에 미치는 영향을 연구한 공로를 기려 그에게 노벨 경제학상을 수여한다고 밝혔다. 기후 변화가 단순히 환경의 문제가 아닌 경제적 문제라는 점을 국제 사회가 인식한 지 불과 10여 년이 흐른 후에 이제는 기후 변화를 고려하지 않고는 장기적인 경제 성장을 예측하기 어렵다는 것을 경제학계가 인정한 것이다.

부모 세대보다 더 가난해지는 자녀 세대들

기후 변화를 막기 위해 얼마나 큰 비용이 드는지 그리고 기후 변화를 제대로 막지 못했을 경우 얼마나 큰 피해가 생길지에 대한 연구는 여러 연구 기관에서 다양한 가정을 기반으로 수행되었다.

2019년 영국에 소재하는 저명한 경제 예측 기관인 이코노미스트 인텔리전스 유닛*Economist Intelligence Unit*은 기후 변화에 대응하지 않았을 경우 2050년까지의 손실 규모가 세계 GDP의 3% 수준일 것이라고 예측했다. 영국의 명문 옥스퍼드대학교는 2050년까지 세계 GDP의 2.5%에서 7.5% 내외의 손실을 볼 것이라고 예측했다.[15] 2022년에는 세계적인 컨설팅

업체인 딜로이트*Deloitte*가 기후 변화에 따른 피해로 50년 후인 2070년에 전 세계 GDP가 7.6% 정도 줄어들 수 있다는 보고서를 냈다.[16] 한편 스위스에 소재하는 유명 경제연구소인 스위스리 연구소*Swiss Re Institute*의 전망은 조금 더 암울하다. 기후 변화에 대해 제대로 대처하지 못하면 2050년까지 세계 경제가 10%가량 위축될 것이라고 예측한다.[17]

세계 경제가 위축된다는 말은 무슨 뜻일까? 우리는 흔히 미래 세대는 과거 세대보다 경제적으로 더 풍요롭게 살 것이라는 막연한 믿음을 가지고 있다. 이는 경제가 매년 성장하기 때문이다. 이에 따라 아들과 딸들의 세대는 아버지와 어머니의 세대보다 더 풍요로운 시대를 누릴 수 있게 되는 것이다. 하지만 경제가 성장하지 않고 오히려 위축된다면 어떻게 될까? 그것은 이 책을 읽고 있는 독자 여러분들의 세대가 지금의 아버지나 어머니 세대보다 더 가난해질 것이라는 이야기이다. 그리고 미래 세대가 가난해지는 가장 큰 이유는 바로 기후 변화 때문일 것이라고 분석한다.

전 세계적인 경제 성장 둔화와 경기 위축도 우려할 문제이지만 우리는 이러한 보고서들의 행간에 숨어있는 더 중요한 메시지를 포착해야 한다. 이러한 보고서들은 하나같이 기후 변화로 인한 경제적인 피해는 지리적으로 불균등하게 분포할 것이며 특히 아프리카나 중앙아메리카 그리고 남아시아 등과 같이 경제적으로 이미 형편이 어려운 지역에 피해가 더 집중될 것이라는 점을 강조하고 있다.

딜로이트의 경우 2070년까지 유럽 경제는 약 1.5% 정도 위축되겠지만 아프리카의 경우 경제 규모가 무려 15%가량 줄어들 것이라는 예측을 하였다. 한마디로 잘사는 나라에서 배출한 온실가스로 인해 기후 변화가 닥치게 되면 그 피해는 그동안 온실가스를 거의 배출하지 않은 가난한 나라들이 주로 입게 되는 불평등한 사태가 벌어지게 될 것이라는 의미이다.

기후 변화,
경제에 부담만 주는가

여기까지만 읽고 나서 기후 변화가 대응에 실패하면 경제적인 손실만 가져오는 골치 아픈 문제라고 결론 내려 버리면 곤란하다. 딜로이트의 보고서에서도 기후 변화에 적정하게 대응할 경우 2070년까지 세계 GDP는 약 3.8% 추가 성장할 수 있다고 분석했다.

실제로 유럽연합은 2019년 유럽 그린딜*European Green Deal*

계획을 발표했는데 탄소 중립을 실현하기 위한 각종 규제 간소화, 신재생 에너지 산업에 대한 자금 지원 강화, 관련 기술 교육 강화 등을 통해 새로운 기술과 시장을 창출해 나가겠다는 의지를 밝혔다. 한마디로 단순히 화석 연료의 사용을 줄이는 수동적 대응에 머무르지 않고 신재생 에너지를 포함한 미래 기술을 능동적으로 개발해 이를 통해 고용을 늘리고 경제를 발전시켜 나가겠다는 뜻을 밝힌 것이다.

실제로 미국, 유럽은 물론 중국에서도 태양열, 풍력 등 신재생 에너지 산업이 빠르게 성장하고 있다. 이제 미국의 캘리포니아와 같은 지역에서는 판매되는 자동차 4대 중 1대가 전기자동차일 정도로 관련 산업이 급속하게 성장하고 있다. 또한 신재생 에너지를 저장하는 에너지 저장 장치*Energy Storage System, ESS* 기술을 포함해 다양한 연관 산업 분야가 눈부시게 발전하고 있다. 새로운 기술 교육을 받은 사람들이 빠른 속도로 채용되는 것 또한 두말할 필요가 없다. 기후 변화가 경제 성장을 가로막는 방해물이 아니라 새로운 시장을 창출하고 고용을 돕는 성장의 기회가 되고 있는 것이다.

19세기 초반에 영국에서 섬유 산업이 빠르게 자동화되면서 일자리를 잃게 된 섬유 산업 노동자 중 일부가 조직적으로 기계를 부수며 기술 진보에 저항했다. 러다이트*Luddite*라

1810년대 영국을 중심으로 일어난 기계 파괴 운동이었던 러다이트 운동
(출처 : Adam Smith Institute)

불렸던 그들의 시도는 성공하지 못했다. 기후 변화에 따라 일상생활의 대부분을 바꿔야 하는 시점에서 아직도 화석 연료를 고집하는 사람들이야말로 '21세기의 러다이트'라고 할 수 있다.

과거의 습관과 관행에 젖어 변화에 적응하지 못하고 도태될 것인지 아니면 기후 변화로 인해서 달라질 새로운 세계에 발 빠르게 적응할지는 각 개인, 공동체 그리고 국가가 책임지고 결정해야 할 일이다. 그리고 그 결정은 빠르면 빠를수록 좋을 것이다.

3장

기후위기, 우리의 일상에 닿다

기후 변화가 만든 새로운 불평등

사람들이 고향을 떠난 이유

2010년부터 2015년까지 미얀마의 라카인 주는 쉬지 않고 밀어닥친 자연재해로 엄청난 피해를 보았다. 2010년에는 사이클론이 이 지역을 덮쳤고 이듬해에는 홍수로 인해 170만 톤의 쌀이 물에 잠겨 먹을 수 없게 되었다. 2015년에는 더 심각한 홍수가 발생했다. 기후 변화로 인해 이러한 자연재해는 더욱 빈번해지고 그 강도가 심해진다. 그런데 이러한 자연재해는 모든 사람에게 동일한 피해를 주지 않는다.

라카인 주에는 이슬람교를 믿는 로힝야족이 살고 있는데

방글라데시에 마련된 로힝야족 피난 캠프가 몬순으로 인해 침수 피해를 입은 모습
(출처 : 유니세프)

대다수 국민이 불교 신자인 미얀마에서 이들은 오랜 기간 차별을 받았다. 자연재해로 인해 그렇지 않아도 부족한 식량 자원이 더욱 귀해지자 이제 로힝야족은 더 이상 더불어 사는 이웃이 아닌 생존을 위협하는 경쟁자로 취급받기 시작했다. 결국 로힝야족을 향한 차별과 폭력 사태는 더 심해졌고, 2017년을 전후해 거의 100만 명에 달하는 로힝야족이 고국을 떠나 방글라데시와 같은 이웃 나라로 이주해야만 했다.

과학자들이 기후 변화에 관해 이야기할 때 주로 온실가스가 몇 ppm 늘었는지, 평균 기온이 얼마나 올랐는지, 해수면

이 얼마나 상승했는지 등 주로 숫자를 듣게 된다. 물론 이러한 숫자들은 매우 유용한 정보이다. 하지만 이 숫자 자체로는 우리 인류, 우리나라, 우리 이웃이 기후 변화로 인해 어떠한 영향을 받고 있는지 정확히 알 수 없다.

우리는 이번 여름에 폭염이 닥쳤을 때 집에 설치된 에어컨만으로 견뎌낼 수 있을지, 할아버지와 할머니가 살고 계신 시골집에 혹시라도 홍수와 같은 자연재해가 닥치지는 않을지에 더 관심이 간다. 왜냐하면 우리는 단순히 대기 중의 이산화탄소 농도와 같은 숫자가 아니라 우리 가족과 우리 이웃이 기후 변화가 닥친 세상에서 얼마나 잘 적응할 수 있을지에 관심이 더 많기 때문이다.

그렇다면 기후 변화의 피해는 세상의 모든 사람에게 동등하게 영향을 미칠까? 아니면 사람들이 처한 문화적, 정치적, 경제적 상황에 따라 그 피해가 더 커지거나 더 작아지기도 하는 것일까?

로힝야족의 안타까운 사례를 다시 살펴보자. 기후 변화의 피해가 로힝야족이 처해있던 열악한 정치적 지위에 의해 더욱더 증폭된 경우이다. 달리 말하자면 기후 변화 자체가 로힝야족에 대한 폭력 사태를 직접적으로 유발하지는 않았지만 기후 변화가 특정한 정치적, 사회적 환경을 만나면서 그 피해가 훨씬 커진 것이다. 왜 이런 일이 벌어지는 것일까? 이런 일은 로힝야족에게만 한정된 사례일까?

기후 변화가 불평등을 만났을 때

우리가 살고 있는 이 세상은 안타깝지만 불공평한 세상이다. 온실가스 자체는 인격도 없고 감정도 없고 어떠한 편견도 없는 기체에 불과하다. 하지만 우리 사회는 그렇지 않다. 우리가 살고 있는 세상은 서로 다른 구성원이 때로는 정당한 이유로 때로는 정당하지 않은 이유로 다른 사람을 차별하는 곳이다. 서글프지만 엄연하고 냉정한 현실이다. 성별, 인종, 재산, 종교, 학력, 물려받은 계급에 따른 차별이 아직도 세계 여러 나라에 만연하다.

여러 가지 이유로 교육이나 의료, 정치 참여 등에서 차별을 받아온 공동체는 기후 변화에서도 그 상황이 비슷해서 다른 집단에 비해 상대적으로 더 큰 피해를 겪는다. 이러한 집단은 로힝야족처럼 정치적 영향력이 없거나 기후 변화에 대처할 경제적인 재원이 부족하기도 하다. 갑작스럽게 지진이 닥치거나 홍수가 나면 재산의 유무, 지위의 고하를 막론하고 모두 어려움을 겪기 때문에 이러한 위기를 '인도주의적 위기*Humanitarian crisis*'라고 부른다. 이러한 재해는 사람을 차별하지 않기 때문이다. 하지만 기후 변화의 경우에는 그렇지 않다. 불평등이 뿌리 깊게 스며들어 있다. 이 때문에 많은 학자는 기후 변화는 인도주의적 위기가 아니라 '정의의 위기*Crisis of Justice*'라고 말하곤 한다.

재산, 인종, 국적, 지위, 종교에 상관없이 누구나 기후 변화의 피해로부터 자유로워야 한다는 개념은 '기후정의*Climate Justice*'라고 불린다. 기후정의의 개념은 어느 날 갑자기 나타난 개념이 아니며 1980년대 초반에 제기되어 거의 40년의 역사 속에서 발전하고 다듬어진 '환경정의*Evironmental Justice*'라는 개념에서 파생된 개념이다.

1982년 주민의 대부분이 흑인인 미국 노스캐롤라이나 주 워렌 카운티가 유독성 폐기물 매립장 후보지로 선정되자 이러한 결정에 반대하기 위한 집회가 흑인 사회 및 환경 운동가들을 중심으로 조직적으로 나타나기 시작했다.[18] 이를 계기로 흑인이나 히스패닉 또는 저소득층 또한 다른 사람들과 마찬가지로 깨끗한 공기와 맑은 물을 향유할 권리가 있다는 자각을 하게 된 것이다.

기후정의라는 개념은 1989년에 처음으로 등장했으며 지금은 기후 변화의 피해와 기후 변화를 저지해야 할 책임이 특정한 집단에 과도하고 불평등하게 부과되어서는 안 된다는 개념으로 정립되었다.

여성, 유색 인종 그리고 원주민

기후정의는 성평등과도 밀접하게 연관되어 있다. 저소득 국가 또는 선진국이라 하더라도 농촌 지역에서는 여성이 상대적으로 직업 선택의 기회도 적고 정치적, 경제적 자유가 제한되기 마련이다. 저소득 국가의 경우 가사 노동과 함께 고된 육체노동까지 부담해야 하는 이중고에 시달리는 경우도 많다. 그런데도 여성들은 기후 변화로 인해 초래된 자연재해에 대비할 수 있는 토지나 기타 재산을 포함한 경제적인 부를 축적하지 못한 상태에 노출되어 있다. 한마디로 여성이 남성보다 부담은 더 많이 지면서 피해는 더 많이 겪는 불평등한 상황에 부닥치게 되는 것이다.

유색 인종의 경우는 어떨까? 노스캐롤라이나 주의 워렌카운티 사례와 마찬가지로 여러 인종이 모여 사는 미국과 같은 나라에서는 흑인이나 히스패닉이 열악한 주거 환경에

놓여있는 경우가 많다. 그런데 여기에서 더 나아가 유색 인종이 거주하는 지역에서는 쾌적한 공원과 숲을 찾아보기 힘들고 매연과 분진이 많이 나오는 고속도로나 철도에 인접해 있거나 심지어 상수도 시설이 제대로 갖추어져 있지 않은 경우도 발견된다. 이런 경우 의료 시설에 대한 접근성도 떨어지기 마련이다. 그런데 이러한 지역은 기후 변화로 인한 홍수나 폭염 등의 자연재해가 발생하면 순식간에 가장 취약한 곳으로 변모한다. 이렇게 되면 단순히 생활 환경이 쾌적하냐 쾌적하지 않으냐의 문제를 넘어 건강과 생명이 위협당하는 불평등의 문제가 된다.

원주민과 이주민으로 구성된 미국이나 호주와 같은 나라의 경우 원주민 공동체가 기후 변화의 피해에 심각하게 노출되어 있다. 전 세계적으로 봤을 때 원주민 공동체는 지구 표면적의 약 20%를 점유하고 살아가고 있는데 이들이 살고 있는 지역은 풍부한 생물 다양성을 지닌 지역이다. 그런데 기후 변화로 인해 생물 다양성 감소가 현실화되면서 원주민 공동체는 그 피해를 가장 직접적으로 경험하고 있다. 이 때문에 많은 나라에서는 이러한 원주민 공동체가 기후 변화에 대해 가장 활발하게 목소리를 내고 있다.

우리나라의 경우는 어떨까? 안타깝지만 우리나라에서도

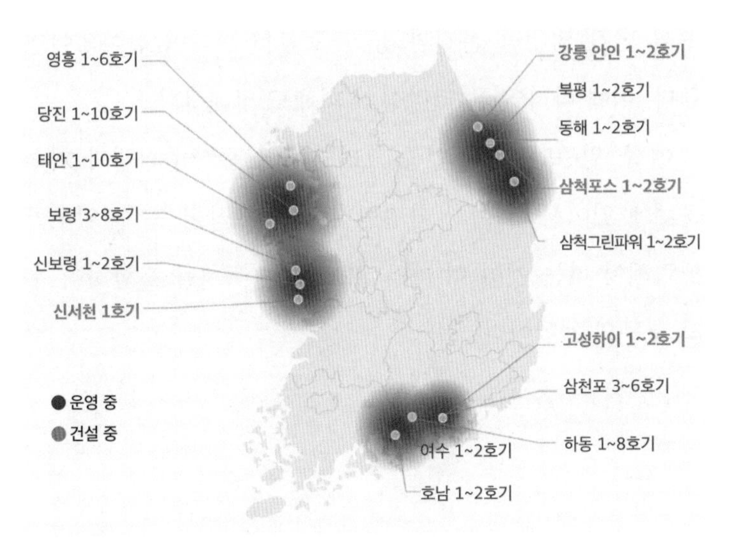

석탄화력발전소 국내 현황. 우리나라의 발전 분야는 경제협력개발기구 회원국 중에서도 매우 높은 석탄 의존도를 보이고 있다. (출처 : 환경운동연합, 2021.06 기준)

기후정의를 실현하기 위한 노력이 많이 요구되는 상황이다. 석탄화력발전소를 살펴보자. 우리나라는 경제협력개발기구 국가 중 화석 연료에 의한 발전 비중이 가장 높은 나라 중 하나이다. 전기를 생산하는 과정에서 엄청난 양의 온실가스와 함께 분진, 고체 폐기물, 오폐수 등을 배출한다는 뜻이다.

그런데 화력발전소 중 30년 이상 노후화된 발전소들은 주로 정치적인 목소리가 작거나 평균 소득이 낮은 시골 지역에 건설되어 오랫동안 운영되어 왔다. 이 지역 주민들은 수십 년간 엄청난 분진과 공기 오염을 견디며 살아와야만 했다. 이에 따라 입은 건강상의 피해도 막대하다.

여성, 원주민, 유색 인종 그리고 저소득층이 환경과 기후 문제에 있어서 더 이상 차별받지 않는 세상이 올 수 있도록 노력해야 하는 것이 이 책을 읽고 있는 독자를 포함하여 우리 모두의 책임이다.

기후 변화와 정치적 불안정은 어떻게 연결되는가

2010년의 국제 정세

2010년 8월 초 러시아의 블라디미르 푸틴*Vladimir Putin* 총리는 러시아의 모든 곡물류 수출을 금지하는 명령을 내렸다. 러시아 정부는 가파르게 치솟는 옥수수, 밀과 같은 곡물 가격을 안정화하기 위한 불가피한 조치라고 설명했다.

세계에서 손꼽히는 주요 곡물 생산 국가이자 수출국인 러시아는 왜 이런 조치를 내린 걸까? 수확량 급감 때문이었다. 2010년은 러시아가 기상 관측을 시작한 130년의 역사 중 가장 지독한 폭염을 경험한 해였다. 밀을 포함한 주요 곡물은 그야말로 이글이글 타오르는 땡볕 아래에서 속수무책으로 말라 죽어갔고, 곡물 수확량도 직전 해의 9,700만 톤에서 7,000만 톤 수준으로 급감했다. 곡물 가격은 국제 시장에서 가파르게 올랐는데 2010년 6월 이후 고작 두 달 동안 밀 가격이 무려 90%나 상승했다. 또 다른 주요 밀 생산국인 우크라이나도 상황은 마찬가지여서 밀 수출을 대폭 줄였고 이러한 공급량 감소는 국제 시장에서의 밀 가격 폭등을 더욱 부채질했다.

불과 두 달 사이에 밀 가격이 거의 2배가 되자 뜻밖의 지역에서 식량 부족 사태가 나타났다. 바로 중동 및 북아프리카*Middle East and North Africa* 지역의 여러 나라였다. 튀니지, 리비아, 이집트와 같은 나라는 러시아와 우크라이나의 밀을 수입해 주식으로 먹고 있었는데 식량 가격이 오르면서 물가도 같이 치솟았다. 사회 불안은 심해졌고 크고 작은 소요 사태가 발생하기 시작했다.

그러던 중 2010년 12월 튀니지에서 노점상을 하며 힘겹게 살고 있던 26세 청년 모하메드 부아지지*Mohamed Bouazizi*가 부패한 경찰들의 무차별적인 노점상 단속으로 생계마저 위협받자 목숨을 끊는 일이 벌어졌다. 그의 사망은 언론을 통해 순식간에 튀니지는 물론 세계에 퍼져나갔다. 튀니지 전역에서 무능하고 부패한 정권을 비판하는 시위가 들불처럼 번져나갔고 시위 진압 과정에서 무려 200여 명이 목숨을 잃은 끝에 23년간 계속된 벤 알리*Ben Ali* 대통령의 장기 집권이 막을 내렸다.

튀니지의 국화인 재스민의 이름을 따서 '재스민 혁명'으로 불리는 민주화 운동은 인접한 리비아, 이집트로 빠르게 번져나갔다. 리비아에서도 수천 명이 사망하는 대규모 시위가 발생했고, 2010년 12월에는 이집트를 30년간 장기 집권해 오던 호스니 무바라크*Hosni Mubarak* 대통령이 시민들의 거센 요구에 밀려 권좌에서 내려와야 했다.

2011년을 전후해 발생한 중동 및 북아프리카 지역의 민주화 운동을 '아랍의 봄'이라고 부른다. 결국 러시아에 닥친 130년 만의 폭염이 수천 킬로미터 떨어진 중동 및 북아프리카 지역에 엄청난 정치적 불안정을 일으켰고 이에 따라 수천 명이 사망하고 튀니지와 이집트, 리비아 그리고 예멘과 같은 나라에서는 정권이 바뀌는 엄청난 일이 벌어진 것이다.

쿠데타 벨트에 정치적 불안정이 계속되는 이유

재스민 혁명이 휩쓸고 지나간 중동 및 아프리카 지역의 남쪽에는 드넓은 사하라 사막이 존재하고 그 사막의 남쪽에는 사헬지대라고 불리는 건조한 지역이 존재한다. 빠르게 사막화가 진행되는 곳으로, 서쪽으로는 대서양에 닿아있는 세네갈과 모리타니부터 동쪽으로는 홍해에 이르는 6,000km 가량의 넓은 띠처럼 생겼다.

현재는 우리나라 면적의 30배에 달하는 약 300만㎢의 면적이지만 빠르게 넓어지고 있다. 척박한 자연환경으로 인해 그렇지 않아도 사람이 거주하기 힘든 곳인데 최근 들어 기후 변화로 인한 가뭄이 심해지면서 정치적, 사회적 불안이 더 커지고 있다.

쿠데타*Coup d'état*는 기존의 집권 세력을 제거하고 무력으로 정권을 빼앗는 일을 일컫는 프랑스어이다. 최근 3년 사이 사헬지대에서는 말리(2020)를 시작으로 쿠데타가 연달아 발생하면서 정권이 붕괴되고 새로운 정권이 들어서고 있다. 안타깝게도 쿠데타 와중에 발생하는 민간인의 인명 피해와 각종 혼란상은 이제 일상이 되어버렸다. 이렇다 보니 이러한 나라들은 '쿠데타 벨트'라는 이름으로 불리기 시작했다. 사헬지대라는 지리적 위치가 쿠데타 벨트라는 정치학적 구분과 정확하게 일치하게 된 것이다.

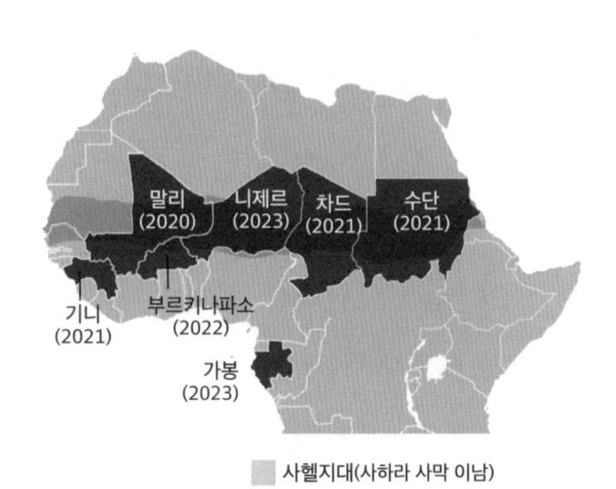

지리적으로는 사헬지대와 겹치는 쿠데타 벨트. 이들 국가의 정치 불안의 근원은 기후 변화로 인한 극심한 가뭄과 이에 따른 빈곤이다.

게다가 아프리카의 정치적 불안이 쿠데타 벨트를 넘어서 확대되고 있다. 2016년과 2018년에는 아프리카 전체에서 단 한 건의 쿠데타도 발생하지 않은 비교적 안정적 시기였다. 하지만 2020년 이후 코로나19 사태로 인한 경제적 어려움과 기후 변화의 피해가 겹치면서 쿠데타 횟수가 늘어나고 사헬지대가 아닌 가봉과 같은 나라로도 정치 불안이 번져가고 있다.

난민 규모가 지금의 10배로 늘어난다면

고향을 떠나 어쩔 수 없이 다른 곳으로 이주하여 살아가야 하는 사람들은 정치적, 종교적 탄압을 피해서 이주하는 경우가 대부분일 것이라고 짐작한다. 과연 그럴까?

유엔 난민 고등판무관 사무소*United Nations High Commissioner for Refugees, UNHCR*에 따르면 2022년 말 기준으로 전 세계에서 약 1억 800만 명이 여러 이유로 고향을 떠나 다른 지역으로 이주해서 살아가고 있다.[19] 이중 상당수는 정치적, 사회적 불안이 해소되면서 자기가 살던 고향으로 돌아가기도 하지만 매년 수천만 명이 새롭게 난민 대열에 합류하고 있다. 특히 유엔 난민 고등판무관 사무소는 2008년에서 2019년 동안 매년 평균 2,000만 명 이상이 기후 변화와 자연재해로 인해 고향을 떠나야 했는데 이러한 '기후 난민'이 정치적, 사회적 박해를 피해서 난민이 된 사람들보다 2배 이상이라고 밝혔다.[20]

한마디로 우리가 알고 있는 상식과는 달리 정치적, 사회적 박해가 아니라 기후 변화와 자연재해가 자신이 살던 터전을 버리고 떠나야만 하는 가장 큰 이유가 된 것이다. 가장 취약한 지역은 10억 명 이상이 살고 있는 사하라 이남 아프리카 지역이 될 것이라는 게 공통적인 전망이다. 지금도 이 지역은 기후 변화로 인한 피해를 가장 심하게 겪고 있는 형편이다.

이렇다 보니 2050년에는 기후 변화와 정치적, 사회적 불안으로 고향을 떠나는 사람의 규모가 최대 10억 명에 이를 것이라는 예측 결과도 나와 있다.[21] 2050년 전 세계 인구가 약 100억 명으로 예상되니 10명 중 1명이 여러 가지 이유로 자신이 살던 곳을 떠날 수밖에 없는 운명이라는 이야기이다.

심지어 2070년에는 약 30억 명의 삶의 터전인 지표면의 19%가량에서 인류가 거주하기 어려워질 것이라는 예측도 있다.[22] 2015년 발생한 시리아 난민의 유럽 이주 사태에서 보듯이 난민의 대량 유입은 옮겨가는 난민에게도, 난민을 수용하게 된 국가에게도 엄청난 스트레스였다.

기후 변화에 적절히 대응하지 못하면 앞으로는 이러한 고통을 더 많은 난민과 더 많은 나라가 겪어야 할 것이다. 이제 기후 변화가 단순히 기온이 몇 도 오르는 수준의 문제가 아니라 엄청난 정치적, 사회적 파장을 불러일으키는 문제라는 점을 인식하고 하루라도 빨리 기후 변화 방지를 위해 노력해야 할 것이다.

바다마저 끓고 있다
해양 폭염의 진실

밝게 빛나는 '물의 별' 지구

어느 날 우주 멀리에 사는 외계인 천문학자는 우리 은하의 중심에서 약 3만 광년 떨어져 있는 파랗고 예쁜 별을 발견했다. 밝게 빛나는 태양으로부터 세 번째 떨어져 있는 별이었다. 이 푸른 별에 어떠한 생명체가 살고 있는지 궁금해진 그는 무인 탐사선을 보냈고 춥고 어두운 우주를 오랫동안 날아온 탐사선은 이제 푸른 별의 대기권에 진입하기 직전이다.

자, 이제 여러분이 외계인 천문학자라고 가정하고 우리가 살고 있는 파랗고 예쁜 별에서 생명체를 찾는 작업에 동참해 보자.

우선 지구의 표면 중 71%가 바다로 덮여있으니 확률적으로 무인 탐사선은 바다에 착륙할 가능성이 높다. 무사히 바다에 착륙한 탐사선은 각종 탐지 장비를 가동하기 시작했다. 처음에는 플랑크톤을 포함한 작은 생명체들이 포착될 것이다. 그리고 얼마 지나지 않아 바닷속을 날렵하게 헤엄치는 크고 작은 유선형의 생명체들을 마주하게 될 것이다.

여러분이 이 푸른 별의 생명체에 대해서 첫 번째 보고서를 쓴다면 아마도 이렇게 시작될 것이다.

무인 탐사선 착륙 1일 차 보고서

1. 표면의 대부분이 물로 이루어진 푸른 별(편의상 이 별을 '수구*The Planet of Waters*'라고 부르겠음)에 무인 탐사선 착륙 완료
2. 이 '수구'를 대표하는 생물종은 물속을 헤엄치는 크고 작은 유선형의 생명체(편의상 이들을 '물고기*fish*'라고 부르겠음)라고 여겨짐
3. 푸른 별의 대표적 생명체인 이 '물고기'들은 …

그렇다. 인류는 육지에 살며 고도로 발달한 문명을 이루었으니 지상의 동물들이 지구를 대표하는 생물종이라고 생각하기 쉽지만 실상은 그렇지 않다. 적어도 분포 지역을 기

준으로 살펴보았을 때 지구 아니 정확히 말해서 이 '수구'를 대표하는 생물종은 인간이 아니라 물고기이다.

그렇다면 바닷속에는 물고기만 있을까? 바닷속에는 각종 조개류와 갑각류, 해조류와 산호초 그리고 작은 플랑크톤 등이 어우러져 살고 있다. 온실가스 증가와 기후 변화는 대기권에서 일어나는 현상이고 이러한 생물들은 모두 바닷속에 살고 있으니 기후 변화와 해양 생물은 큰 관련이 없을 것이라 생각한다. 과연 그럴까?

바닷물을 산성화시키는 기후 변화

우리는 흔히 육지에 살고 있는 식물이 산소를 만들어내는 유일한 종이라고 생각한다. 물론 브라질이나 인도네시아의 원시림이 엄청난 산소를 만들어내는 것은 맞다. 하지만 사실 인류가 마시는 산소의 약 절반은 바다 표면에 살고 있는 각종 해조류가 만들어낸다.

이뿐만 아니다. 바다는 인류가 만들어내는 이산화탄소의 약 4분의 1을 흡수하고 온실 효과로 발생한 열의 무려 90%

를 흡수한다. 한마디로 바다는 인류의 산소 탱크이자 이산화탄소 포집기*Carbon sink*이며 지구의 냉장고라는 세 가지 역할을 동시에 하고 있다.

온실 효과로 지구가 더워지면서 가장 먼저 나타나는 부작용은 바로 바다도 같이 더워진다는 것이다. 미국 환경보호국*US EPA*의 연구에 따르면 전 세계 바다 표면의 평균 온도는 1901년 이후 120년 동안 약 1.4도가 올랐다. 더 많은 열에너지가 바다에 응축되면서 강력한 허리케인과 태풍이 자주 발생하는 악순환이 계속된다.

또한 수온이 오르면서 인간은 물론 해양 생물에게도 해로운 박테리아나 적조가 빈번하게 발생한다. 데워진 바다 표면은 생물 분포에도 큰 영향을 미친다. 해양 생물이나 미생물이 더 이상 일정한 해역에 살지 못하고 멸종하거나 때로는 다른 지역으로 옮겨가면서 이러한 해양 생물에 의존해 살고 있던 지역 주민들에게는 큰 타격이 된다.

우리나라도 예외가 아니다. 겨울이면 동해에서 잡히던 명태와 같은 한류성 어종이 이제는 더 북쪽으로 서식지를 옮겨가고 있고 동남아시아에서 서식하던 노랑가오리나 보라문어 같은 아열대 어종이 우리나라 바다에서 발견되는 게 이제는 더 이상 신기하지 않을 지경이 되었다.

수온 상승만큼이나 해양 생물에게 치명적인 것은 바로 '해양 산성화'이다. 이산화탄소 배출량이 늘면서 더 많은 이산화탄소가 바닷물에 흡수되고 결국 바닷물(H_2O)에 녹은 이산화탄소(CO_2)가 탄산(H_2CO_3)으로 변하면서 바닷물이 점점 산성화되는 것이다.

산업혁명 이전에 약 pH 8.2 수준이었던 산성도는 꾸준히 높아졌으며, 현재의 속도가 지속된다면 2100년에는 약 pH 7.8 수준에 도달할 것으로 예측된다. 바닷물이 서서히 '시큼하고 따뜻한 탄산음료'로 변해가고 있다.

바닷물의 산성도가 높아지면서 가장 직접적으로 위협받고 있는 해양 생물은 각종 조개와 갑각류이다. 칼슘으로 만들어진 껍질은 산성화된 바닷물에 쉽게 녹아버리기 때문이다. 자기 몸을 보호하는 껍질이 사라져 버리면 조개와 갑각류가 어떻게 생존할 수 있겠는가? 조개와 갑각류가 사라지고 나면 이들을 먹고 사는 어류도 생존하기 어렵다.

그뿐만 아니다. 과학자들의 연구에 따르면 산성화가 심해지면 특정한 물고기들은 생식 능력이 떨어져서 멸종 위험에 노출되거나 태어난다고 해도 발육이 늦어지는 피해를 보게 된다.

유엔은 약 30억 명의 인구가 바다에 생활 터전을 두고 있다고 추산한다. 바닷속의 생명이 다 사라진다면 그다음으로 생존을 위협받게 될 존재는 당연히 바다에 의존해서 살아가는 사람들이다. 어업이나 양식업에 종사하는 사람들뿐만 아니라 물고기들을 손질하고 판매하는 사람들 더 나아가 바닷가에 놀러 오는 사람들을 상대로 관광업에 종사하는 사람까지 합치면 전 세계 인구 10명 중 4명이나 되는데 바다가 더 이상 생명을 품지 못하고 죽은 바다가 되어버리면 많은 사람이 생계 위협에 몰리게 된다는 말이다. 이산화탄소 배출을 멈추고 기후 변화를 막아야 할 또 하나의 절박한 이유가 생긴 셈이다.

사라지는 스노우크랩

'대게'라는 명칭은 킹크랩과 스노우크랩을 혼용해서 부르는 말이다. 이들은 둘 다 온도가 낮은 바다에 서식하는 냉수종이기는 하지만 여러 가지 면에서 다르다.

킹크랩은 10월부터 1월에 집중적으로 잡히고 무게도 3~4kg까지 나간다. 반면 스노우크랩은 킹크랩보다 작고 무게도 1~2kg 내외이며 보통 11월부터 이른 여름에 걸쳐 잡힌다. 킹크랩의 경우 도구를 사용하지 않으면 껍데기를 깰 수 없을 정도로 단단하지만 스노우크랩의 경우 손으로도 쉽게 깰 수 있다. 스노우크랩은 킹크랩과 마찬가지로 알래스카와 러시아 사이에 있는 베링해, 노르웨이 인근의 바렌츠해 등에서 주로 잡힌다. 주로 동베링해에서 잡힌 스노우크랩이 미국인들의 식탁에 올라가게 되는데 매년 우리나라 돈으로 몇천 억 원에 달하는 스노우크랩 어획량은 알래스카 경제에도 큰 도움이 된다.

2018년 엄청난 풍작을 기록했던 베링해의 스노우크랩은 불과 3년 사이에 기록적인 개체수 감소를 기록했다. 2018년에 120억 마리에 이르렀던 개체수는 불과 4년 만인 2022년에 90%가량 줄어든 19억 마리가 된 것으로 조사되었다. 일부에서는 2018년을 전후한 풍작에 도취해 어민들이 스노우크랩을 남획한 결과라며 이들을 비난하기도 했다. 결국 알래스카 주 정부는 급격하게 줄어든 스노우크랩 개체수를 보호하기 위해 2022년은 물론이고 2023년까지 연속 2년 동안 스노우크랩 어획을 금지했다. 스노우크랩 어획에 소득의 상당 부분을 의존하던 알래스카 어민들에게는 엄청난 경제적 타격이었다.

하지만 2023년 10월 세계적인 과학 학술지인 〈사이언스

Science〉에 실린 미국 국립해양대기국 소속 알래스카수산과학센터*Alaska Fisheries Science Center, AFSC* 연구팀의 연구 결과에 따르면 스노우크랩이 갑작스럽게 사라진 근본적인 원인은 어민들의 남획이 아닌 기후 변화 때문이었다. 도대체 베링해 바닷속에서는 무슨 일이 있었던 걸까?

바다를 데우는 해양 열파

기후 변화는 육지의 기온만 높이는 것이 아니다. 바다 역시 기후 변화로 인해 수온이 높아지고 있다. 2018년 늦가을 베링해에서는 강력한 해양 열파*가 발생했고, 보통 2도 이하의 바닷물에서 서식하던 스노우크랩은 갑작스러운 바닷속의 폭염에 노출될 수밖에 없었다.

해양 열파로 인해 대구를 포함한 한류성 어종이 베링해로 몰려들면서 스노우크랩의 어려움은 더 커졌다. 대구와 스노우크랩은 같은 먹잇감을 놓고 경쟁해야 했기 때문이다. 더

* 지역에 따라서는 갑자기 수온이 비정상적으로 높아지곤 하는데 특정 지역의 수온이 5일 이상 역대 관측치의 최상위 10% 수온을 유지하는 경우를 '해양 열파(marine heatwave)'라고 부른다. 한마디로 바닷속에서 벌어지는 폭염 현상이라고 할 수 있다.

운 날씨에 먹이 부족까지 겹친 스노우크랩은 급격하게 개체 수가 줄어들었다. 육지에서 발생하는 폭염은 인간의 눈으로 직접 관찰할 수 있지만 바닷속에서 발생하는 이러한 폭염은 인간의 눈에 보이지 않기 때문에 지나치기 쉽지만 그 피해의 규모나 양상은 엄청나다.

해양 열파는 어류에게 어떤 영향을 미칠까? 2022년 인도 서부의 가장 큰 항구인 뭄바이에서는 물고기 평균 가격이 평년 대비 3배가 되었다. 수온이 갑자기 높아지면서 어획량은 급감했고, 비싸진 물고기 가격 때문에 소비자들이 어류 소비량을 줄이자 결국에는 어부들도 소득 감소를 겪을 수밖에 없었다.

2011년에는 호주의 연안에서 대규모 해양 열파가 발생했고 뜨거워진 바다를 피해 어족 자원들이 대량으로 남쪽으로 이동하기도 했다. 2019년에도 알래스카 인근 바다에서 해양 열파가 또다시 발생하면서 엄청난 숫자의 연어가 죽임을 당했다.[23] 영국 인근의 북해 바다는 2023년 6월 중 평년(약 11도)보다 무려 4~6도가량 높은 약 16~17도를 기록했다. 이쯤 되자 물고기는 물론이고 굴과 같은 패류(貝類)도 대량 폐사를 피하지 못했다. 2021년에 발생한 해양 열파로 미국 북서부의 태평양 연안에서 엄청난 숫자의 홍합이 폐사해 악취를 풍기

바닷속에서 밀림 역할을 하고 있는 다시마류는 해양 열파로 인해 빠르게 사라지고 있다. (출처 : Nature)

며 썩어가는 일이 발생했다. 피해가 발생한 해변을 취재한 〈뉴욕타임스*The New York Times*〉의 기자는 그 압도적이고 기괴한 풍경에 충격을 받아 '마치 지구 멸망을 다룬 영화의 한 장면 같았다'라고 적었다.[24]

이렇게 수온이 높아지면 육지에서 폭염이 야기하는 것과 비슷한 피해가 바닷속에서도 발생하는데 그 피해는 어류와 패류에만 한정되지 않는다. 해조류도 해양 열파가 휘두르는 무서운 칼끝을 피하지 못한다. 바닷속에 서식하는 다시마류는 엄청난 양의 이산화탄소를 빨아들이고 산소를 발생시키면서 육지에 있는 밀림과 똑같은 역할을 한다. 이 때문에 세계적인 과학 학술지인 〈네이처*Nature*〉는 2023년 4월 다시마류가 매년 창출하는 경제적 효과가 5,000억 달러에 이른다고 추산한 바 있다.[25]

그런데 해양 열파가 빈번하게 발생하자 온도에 민감한 다시마류가 급속하게 사라지고 있다. 문자 그대로 커다란 산불이 바닷속에서 일어나고 있고 이러한 '바닷속 산불'이 바다 생태계를 빠른 속도로 망가뜨리고 있다.

하지만 더 무서운 것은 지금이 시작이라는 점이다. 해양 열파가 지속되는 날짜는 지난 100년간 54%가량 증가했는데 가장 피해가 큰 해양 열파 10건 중 8건이 가장 최근 10년 동안에 집중되었다는 연구 결과도 있었다.[26] 최근 들어 해양 생태계의 붕괴 속도가 빨라진다는 뜻이다. 게다가 북극의 얼음이 기후 변화로 사라져가면서 해수의 온도 상승을 더욱더 부추기게 될 것이다. 탄소 배출을 획기적으로 줄이지 못하면 바다의 수온이 상승하면서 또다시 북극, 그린란드, 남극의 빙상과 빙붕이 녹게 되고 이에 따라 수온이 더 높아지는 악순환이 가속화될 것이다.

기후가 불러오는
전염병과 건강 위기

인간에게 가장 치명적인 존재

인간을 가장 많이 죽게 만드는 무서운 생물은 무엇일까? 독을 가진 뱀이나 전갈, 호랑이나 사자, 엄청난 힘을 가진 코끼리나 하마를 상상했다면 모두 정답이 아니다.

정답은 작고 보잘것없는 크기를 가졌지만 1년에 적게는 75만 명에서 많게는 100만 명의 목숨을 앗아가는 '모기'이다. 심지어 1년에 전 세계에서 일어나는 살인 사건도 50만 건 수준이라는 점을 감안하면 인간에게 가장 무서운 존재는 단연코 이 작은 곤충이다.

이 세상에는 약 3,500종의 모기가 존재하는데 남극 대륙을 제외한 지구의 모든 곳에서 발견된다. 이 중에서 3,000종 가량은 인간에게 거의 해를 끼치지 않지만 나머지 종은 다양하고 위협적인 질병을 옮긴다.

모기가 매개체가 되어 전파하는 다양한 질병, 예를 들어 말라리아, 뎅기열, 치쿤구니야열, 지카 바이러스 감염, 웨스트나일열, 일본뇌염, 황열병, 림프사상충증 등은 인류의 건강을 크게 위협한다. 이렇게 매개체가 되는 생물이 사람에게 옮기는 질병을 '매개체 전파 감염병'이라고 부른다. 대표적인 매개체는 모기이지만 이외에도 진드기, 파리, 벼룩 등이 있다.

이 세상에서 가장 대표적인 매개체 전파 감염병은 말라리아이다. 세계보건기구의 발표에 따르면 매년 2억 4,000만 명가량이 말라리아에 걸리고 있으며 60만 명가량이 생명을 잃고 있다.[27] 매년 감염되는 환자 수로 따지면 감기만큼이나 흔한 질병이다. 감염 환자 수와 사망자의 비율을 살펴보면 치사율이 상당히 낮은 편이지만 여기에는 몇 가지 함정이 숨어있다.

첫째, 모기가 살기 좋은 열대나 아열대 지역에서 말라리아가 발병하는데 이 지역에는 경제적으로 낙후된 나라가 많이 모여있다. 실제로 2021년에 약 61만 명이 말라리아로 사망한 것으로 집계되는데 이 중 아프리카(59만 명)와 동남아시아 지역(약 9,000명)이 대부분을 차지했다. 반면 유럽에서는 단 한 명의 사망자도 발생하지 않았다. 무더운 기후와 낙후된 공중보건 시스템을 가진 나라를 괴롭히는 질병이라는 것을 알 수 있다.

둘째, 성인 환자의 사망률은 낮지만 5세 미만 아동의 사망률은 비교적 높은 편이어서 실제로 매년 사망자의 대부분이 나이가 어린 아동이다.

셋째, 일본뇌염을 포함한 다른 모기 매개체 질병과는 달리 예방 백신 개발이 어렵다. 말라리아 원충이 질병을 일으

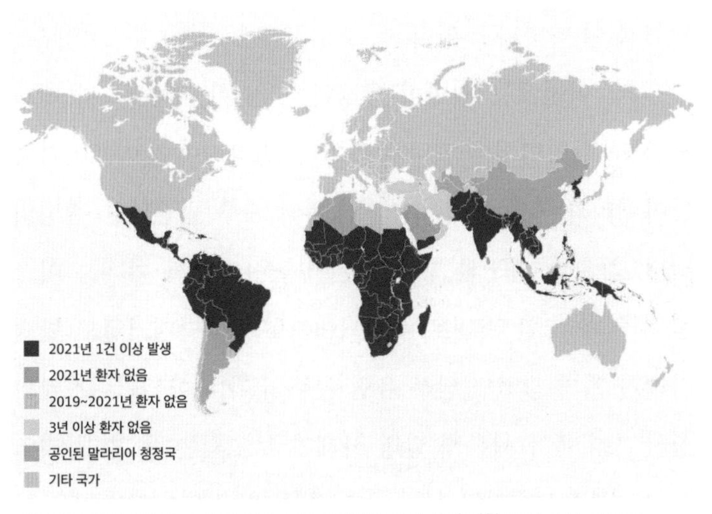

2010년 말라리아 발생 국가의 2021년 말라리아 환자 발생 현황 (출처 : 세계보건기구)

킨다는 것을 알아낸 것이 1880년대였고 그 이후로 백신 개발을 위한 노력이 계속되었다. 하지만 5세 미만의 아동에게 안심하고 접종할 수 있는 안전한 백신은 아직도 1~2개에 불과하다. 한마디로 예방도 쉽지 않은 질병이라는 말이다.

예상치 못한 지역으로 확산되는 감염병

기후 변화로 인한 기온 상승이 전 세계적으로 나타나면서 매개체 전파 감염병의 발생 지역, 발생 빈도 등에서 우려할 만한 점이 나타나고 있다.

먼저, 이전에는 질병이 발생하지 않았던 지역까지 매개체 전파 감염병이 퍼져나가고 있다. 말라리아는 아프리카와 남아메리카, 동남아시아 저지대에서 자주 발견되는 질병이었다. 하지만 지구의 평균 기온이 높아지면서 이제는 이러한 지역의 고산 지대로 확산되어가고 있다. 뎅기열도 발병 사례가 거의 없었던 남부 유럽 일부 국가나 아프가니스탄의 산악 지대에서 새롭게 발병 사례가 보고되는 등 발생 지역이 점점 넓어지고 있다. 실제로 최신 연구에 따르면 기온 상승으로 인해 말라리아 감염 가능 지역의 고도가 매년 6.5m 씩 높아지고 있으며 극지방 쪽으로는 매년 4.7km씩 전진하고 있는 것으로 밝혀졌다.[28]

둘째, 강수량이 늘어나고 기온이 높아지면서 매개체 전파 감염병이 유행하는 시기도 점점 길어질 것으로 전망되고 있다. 지금의 기후 변화 추세가 계속되면 아프리카와 남아메리카에서는 말라리아 유행 시기가 지금보다 최소 한 달 반가량 늘어나고 서부 태평양 연안 지역과 동부 지중해 지역에서 뎅기열은 최대 4개월까지 늘어날 것으로 전망된다.

이러한 추세는 도시보다는 의료 시설이 열악한 시골에서 더 많이 나타날 것으로 보인다. 지리적으로 보면 지금은 말라리아와 뎅기열의 위험에서 비교적 자유로운 온대 지역의 여러 나라로까지 퍼져나갈 것이다. 이렇게 되면 2070년에는 전 세계 인구의 약 절반인 47억 명이 말라리아와 뎅기열의 위협에 추가로 노출될 것인데[29] 우리나라도 여기에서 벗어나 있지 않다.

우리나라도 예외가 될 수 없다

뎅기열을 옮기는 흰줄숲모기. 몸통과 다리에 흰색과 검정색이 번갈아 나타난다. (출처 : 유럽질병청)

코로나19 발생 이전 우리나라에서 뎅기열 환자는 매년 200여 명이 발생해 왔으나 모두 해외여행에서 감염된 경우였다. 뎅기열을 옮길 수 있는 흰줄숲모기와 이집트숲모기가 우리나라에도 유입되었지만 다행히 뎅기열 바이러스는 유입되지 않은 것으로 우리나라 보건당국은 파악하고 있다.

말라리아는 이야기가 조금 다르다. 2020년과 2021년 각각 356명과 274명의 환자가 수풀이 우거진 비무장지대 부근에서 모기에게 물려 감염된 것으로 집계되었다. 우리나라도 말라리아 안전지대가 아니라는 말이다. 그런데 2022년 이후 우리나라에서의 말라리아 확산세가 무서울 정도로 빨라졌다. 2022년 382명의 환자를 기록하더니 2023년과 2024년 모두 600명을 훌쩍 뛰어넘었다.

매개체 전파 감염병의 특성은 바이러스를 보유한 환자를

물었던 모기와 같은 매개체가 다른 사람을 물면서 퍼져나간다는 점이다. 따라서 말라리아와 뎅기열이 유행하는 동남아시아 지역을 여행하는 사람이 많아질수록, 모기와 같은 매개체가 1년 내내 죽지 않고 서식할 수 있는 더운 환경이 조성될수록 감염병은 늘어날 수밖에 없다. 갈수록 올라가는 평균 기온 탓에 이제 우리나라도 매년 몇천 명의 말라리아, 뎅기열 환자를 경험할 날이 얼마 남지 않은 듯하다. 의학계에서는 기온이 조금만 더 오르면 제주도에서 뎅기열이 나타날 가능성이 높다고 보고 있다. 한편 쯔쯔가무시병을 유발하는 털진드기의 서식지도 점점 확대되면서 우리나라에서 인구가 가장 많은 수도권으로 옮겨가고 있다.

말라리아는 1900년대 초반만 하더라도 냉대 지역을 제외한 거의 전 세계에서 발병하던 흔한 질병이었으나 모기장 보급과 방역 강화로 대부분의 선진국에서는 사라진 질병으로 취급되었다. 하지만 수십 년간 사라졌던 말라리아 토종 감염 사례가 2020년 이후 미국의 텍사스와 플로리다에서도 다시 나타나는 등 이제 선진국도 더 이상 말라리아에서 안전하지 않다. 그러므로 기후 변화가 진전됨에 따라 모기, 파리, 진드기, 벼룩과 같은 매개체에 대한 방역을 강화하고 모기장과 같은 기본적인 개인 방역에도 더욱 신경 써야 할 것이다.

시베리아 동토층, 국제 사회가 주목해야 할 시한폭탄

커다란 탄소 저장고

따뜻한 온대 기후대에 살고 있는 우리에게는 조금 낯선 지역 이야기를 시작해 보자. 이곳은 영구 동토층이라고 불리는 곳으로, 여름이 오더라도 녹지 않고 2년 이상 연속으로 땅이 얼어있는 추운 지역을 말한다. 영어로는 '영원한'이라는 뜻의 perma라는 단어와 '서리'를 뜻하는 frost가 합쳐진 'permafrost'로 땅속에서 '영원히 녹지 않는 얼음층'이라는 뜻이다.

계절에 상관없이 얼어있는 영구 동토층 위에는 보통 몇

미터 정도의 두께인 활성층이 존재하는데 이 부분은 영구 동토층을 덮고 있는 표토층(表土層)으로 여름에는 녹았다가 겨울에는 다시 얼어붙는다. 북반구에 소재하는 육지 면적의 무려 25%인 2,300만㎢(우리나라 면적의 230배)가 영구 동토층에 해당할 정도로 분포 면적이 넓다.[30] 이는 러시아의 시베리아 지방, 캐나다의 북부 지방은 물론 미국의 알래스카, 그린란드, 티베트고원 등과 같은 곳에 넓게 퍼져있기 때문이다. 일부 지역에서는 영구 동토층의 두께가 몇 미터에 불과하지만 지역에 따라서는 1.5km에 달하기도 한다.

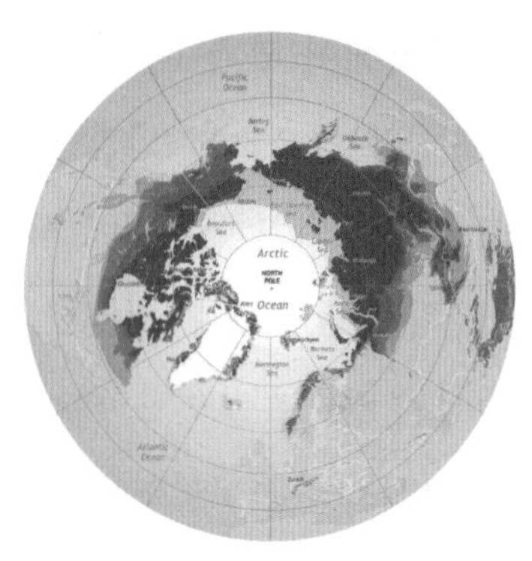

북반구 면적의 4분의 1을 차지하는 영구 동토층 (출처 : 유럽환경청)

영구 동토층에는 아주 중요한 특징이 하나 있다. 과학자들의 추산에 따라 조금씩 다르기는 하지만 현재 대기 중에 있는 이산화탄소의 약 2배, 메탄의 약 200배가 영구 동토층에 얼어붙은 채 묻혀있다는 점이다. 왜 이렇게나 많은 탄소가 땅속에 묻혀있는 것일까?

그 이유는 영구 동토층이 오랜 기간에 걸쳐 넓은 지역에서 형성되어 왔기 때문이다. 현재까지 발견된 가장 오래된 영구 동토층은 약 74만 년 전에 만들어진 것으로 추정되며[31] 그 이후 약 12만 년 전에 시작되어 약 1만 1,000년 전에 끝난 '최종 빙기' 기간에 이르기까지 꾸준하게 영구 동토층이 형성된 것으로 보인다. 따라서 북반부 면적의 약 4분의 1을 차지하는 영구 동토층에는 가깝게는 수만 년 전 멀게는 수십만 년 전에 지구상에 살았던 각종 동식물, 미생물과 바이러스가 얼어붙은 채로 얼음 속에 갇혀있다. 그렇다 보니 이러한 생명체를 구성하고 있던 탄소 또한 대기 중으로 빠져나오지 않고 그대로 갇혀있다. 그러므로 영구 동토층은 커다란 '탄소 저장고'라고 할 수 있다.

극지방의 기온 상승으로 인한 영구 동토층의 변화

탄소와 메탄과 같은 온실가스를 품고 있는 영구 동토층은 기후 변화에 따른 평균 기온 상승으로 몸살을 앓고 있다. 극지방은 지구 평균과 비교해 최소한 2배에서 많으면 3배가량 빠르게 온도가 오른 것으로 알려져 왔다.

하지만 최근 연구에 따르면 일부 지역에서는 지구 평균 기온보다 무려 4배나 빠르게 기온이 오른 것으로 밝혀졌다.[32] 산업혁명 이후 1도가량 오른 지구의 평균 기온과 비교했을 때 극지방은 무려 3~4배에 달하는 3~4도가량 오른 것이다. 극지방의 높아진 기온으로 인해 녹는 것은 빙하와 빙붕뿐만 아니다. 땅속에 잠들어있던 영구 동토층도 빠르게 녹고 있다.

영구 동토층이 녹으면서 시베리아나 알래스카 등지에 살고 있는 주민들이 가장 직접적인 피해를 보고 있다. 영구 동토층이 녹아 땅이 무너져 내리며 싱크홀이 생기고 도로, 활주로, 철도가 꺼져버리고 건물이 기울어지다 못해 무너지고 있다. 영구 동토층이 녹고 활성층이 점점 두꺼워지면서 과거의 영구 동토층에 기반을 두고 지어졌던 각종 건축물과 시설들이 무너지고 있다.

더 문제인 것은 영구 동토층이 녹으면서 여기에 갇혀있던 온실가스가 대기 중으로 뿜어져 나올 가능성이 커지고 있다는 점이다. 기후 변화가 계속되어 지구 평균 기온이 지금처럼 오른다면 2100년까지 영구 동토층 속에 갇혀있던 온실가스의 약 10%인 1,600억 톤가량이 대기 중으로 분출될 것으로 예상된다.[33]

온실가스만이 문제가 아니다. 수만 년 혹은 수십만 년 전

기온 상승으로 영구 동토층의 얼음이 녹아서 흘러내린 모습 (출처 : 미국국립공원관리청)

영구 동토층이 녹아서 바다로 붕괴된 모습 (출처 : 미항공우주국)

에 묻힌 각종 동식물, 미생물과 바이러스가 대기 중에 노출되면서 인류의 건강에 어떠한 영향을 미칠지도 확실하지 않은 상황이다. 엄청난 폭염이 북반구를 휩쓸었던 2016년 러시아 시베리아의 야말로네네츠 자치구에서는 60여 년 동안 자취를 감추었던 탄저병이 갑자기 나타나 어린이 한 명이 사망하고 성인 여러 명이 감염되는 사건이 있었다.

이 사건을 연구한 과학자들은 더위로 인해 외부로 노출된 동물들의 사체에서 빠져나온 탄저균이 확산되면서 면역력이 상대적으로 약한 어린이의 생명을 앗아간 것으로 결론 내렸다. 그리고 기후 변화가 계속될수록 현대의 인류가 면역력을 가지지 못한 수만 년 또는 수십만 년 전의 병균이나 바이러스가 퍼지면서 인류의 건강을 위협할 수 있다고 경고했다. 한마디로 영화 〈쥬라기공원〉에서나 볼 수 있었던 상황이 실제로 발생할 수 있다는 이야기이다.

메탄 하이드레이트의 분출 위기

평균 기온 상승이 계속되면 영구 동토층뿐만 아니라 바닷속에 있는 또 다른 탄소 저장고인 메탄 하이드레이트가 대기 중으로 분출될 가능성이 커진다.

메탄은 대기 중에서 차지하는 비중이 0.0001% 정도로 매우 낮아서 측정 단위 또한 백만분율(ppm)이 아닌 십억분율(ppb)이 이용될 정도이다. 전체 온실가스 중에서도 비중이 5%에 불과해서 약 80%에 이르는 이산화탄소에 비해 낮은 편이다. 하지만 지구 온도를 높이는 영향력은 이산화탄소보다 약 80배 정도 강한 것으로 알려진 '비중은 작지만 악영향은 더 큰' 기체이다.

메탄은 대기압에서는 기체 상태로 존재하지만 압력이 높아지고 온도가 일정 수준 이하로 떨어지면 딱딱한 고체 상태로 변한다. 이것을 '메탄 하이드레이트'라고 부른다. 여기에 불을 붙이면 매우 잘 타기 때문에 사람들은 메탄하이드레이트를 '불타는 얼음'이라고 부르기도 한다.

그렇다면 압력이 매우 높고 온도가 낮게 유지되는 곳은 어디일까? 극지방을 중심으로 하는 지역의 해수면에서 수백 미터 아래에 있는 퇴적층에 메탄 하이드레이트가 주로 모여있다. 그런데 수온이 높아지면서 바닷속에 있는 메탄 하이드레이트가 녹아 메탄이 바닷물에 섞여 들어가고 결국 대기 중으로 분출되는 현상이 관측되기 시작했다.

시베리아 동쪽에 있는 랍테프해에서의 메탄 농도를 조

사한 최근 연구에서는 다른 지역의 바다와 비교해서 무려 400배 가까이 높은 메탄 농도가 관측된 곳도 있었다.[34] 과학자들은 이제 육지의 영구 동토층뿐만 아니라 바닷속의 메탄 하이드레이트에서도 본격적으로 메탄 분출이 시작되었다고 보고 있다. 이렇게 되면 대기 중으로 분출된 이산화탄소와 메탄이 지구의 온도를 더 높이게 되고 높아진 온도는 이산화탄소와 메탄의 분출을 또다시 증가시키는 악순환이 되풀이될 것이다. 우리나라 말로 굳이 번역하면 '양(+)의 되먹임'이라는 다소 어색한 말로 해석되는 '포지티브 피드백 루프*Positive Feedback Loop*'는 기후 변화로 인해 발생한 현상이 기후 변화를 더욱 촉발하는 순환적 현상을 일컫는 말이다.

영구 동토층과 메탄 하이드레이트는 마치 잠들어있는 거인과도 같다. 가파르게 오르고 있는 지구의 평균 기온은 이 거인들을 깨우려 하고 있다. 이 거인들이 잠에서 깨어난 후 우리에게 얼마나 큰 피해를 줄지 지금 시점에서는 가늠하기조차 어렵다. 지금이라도 영구 동토층과 메탄 하이드레이트에 대한 연구를 강화하고 온실가스 감축을 위한 노력에 나서야 할 것이다.

식량 위기,
협력이 아니면
해결할 수 없다

탄소 순환을 간섭하기 시작하다

지구의 식물들은 이산화탄소를 흡수하고 산소를 배출한다. 반면 동물들은 산소를 흡수하고 이산화탄소를 내뱉는다. 지구는 대기권으로 둘러싸인 '닫힌계*Closed System*'이기 때문에 이러한 순환은 평온하게 계속된다.

그렇다면 '탄소 순환*Carbon Cycle*'을 인류가 최초로 간섭하기 시작한 시기는 언제일까? 이러한 간섭이 인류 최초의 산업이라 할 수 있는 농업과는 어떤 연관성이 있을까? 그리고 이러한 간섭이 심해져서 대기 속에 이산화탄소가 많아지면

농업에는 어떤 영향을 미치는 것일까?

인류가 지구의 탄소 순환을 최초로 간섭하기 시작한 시기는 불을 발견한 시기라고 할 수 있다. 대륙에 따라 다르지만 호모 에렉투스가 살던 약 100만 년 전부터 불이 사용되기 시작했다. 불은 인류가 추운 지역으로 생활 영역을 넓힐 수 있게 해주었고 음식을 조리할 수 있는 새로운 방법을 알려주었으며 단단하고 복잡한 청동기와 철기를 만들 수 있는 길을 열어주었다. 여러 동물 중 하나였던 인류를 동물과 구별되는 존재로 만들어준 혁명적인 변화였다.

그렇다면 불의 사용은 기후 변화의 관점에서 어떤 의미가 있을까? 나무나 풀을 불태우기 시작하면서 인류는 처음으로 대기 중에 이산화탄소를 내뿜기 시작했다. 인류가 닫힌계인 지구 대기권에 인공적으로 이산화탄소를 공급하기 시작한 것이다. 하지만 그 당시 인류의 숫자는 미미했고 그 때문에 인류의 탄소 순환 간섭은 심각한 수준이 아니었다.

최종 빙기가 끝나고 지구의 평균 기온이 따뜻하게 유지되기 시작한 약 1만 년 전부터는 흥미로운 변화가 나타난다. 인류가 고되고 위험한 수렵과 채집 위주의 생활에서 벗어나 서서히 한곳에 정착해 살면서 농사를 짓는 시기에 접어든 것이다. 춥고 날씨가 급변하는 시기에는 한곳에 머물러 살며 농사를 짓다가 자칫 농사를 망치게 되면 생존의 위협에 시달려야만 했을 것이다. 하지만 날씨가 따뜻해지고 기후가 안정되면서 한곳에 머물며 농사를 짓는 생활이 비로소 가능해졌다. 지금으로부터 약 6,000년 전에는 지구의 대부분에서 대규모 농경을 시작했고 숲에 있는 나무를 베어내어 농경지를 확장하는 모습도 나타났다. 인류가 자기 식량을 확보하기 위해 지구의 탄소 순환에 좀 더 적극적으로 개입하기 시작한 것이다.

그렇지만 인류가 불을 최초로 사용하거나 농업에 본격적으로 종사하면서 발생시킨 온실가스의 양은 산업혁명 이후 화석 연료에 의해 배출된 온실가스 양에 비하면 매우 적은 수준이다. 실제로 약 1만 년 전에 최종 빙기가 끝나고 난 후 무려 6,000년이 흐르는 동안 이산화탄소 농도는 고작 80ppm 정도 증가했다. 반면 산업혁명을 전후해 대기 중 이산화탄소 농도는 불과 몇백 년 만에 빠르게 높아져서 과거 200만 년 중 가장 높은 수준이 되었다.

여기서 한 가지 의문이 든다. 식물은 이산화탄소를 흡수해 자신의 생장에 사용하므로 대기 중에 이산화탄소가 많아지면 식물에는 무조건 좋은 일들만 생기지 않을까? 더 크게, 더 빨리 자라고 병충해에도 더 강하며 열매도 많이 맺고 그

열매에도 더 많은 영양분을 포함하게 되는 것은 아닐까? 안타깝게도 그렇지 않다. 오히려 그 반대이다. 기후 변화로 인한 기온 상승은 곡물 생산량을 감소시킨다. 게다가 대기 중에 이산화탄소의 농도가 높아지면 곡물의 질이 확연하게 떨어진다.

농작물을 정크푸드로 만드는 이산화탄소

식물은 태양 에너지와 공기 중의 이산화탄소 그리고 뿌리에서 흡수한 물을 이용해 자신의 생장에 필요한 탄수화물을 만들고 산소를 대기 중으로 배출한다. 뿌리를 통해서 토양의 각종 영양분도 빨아들여 열매를 맺게 되는데 밀이나 쌀의 경우 탄수화물, 지방, 단백질, 식이섬유뿐만 아니라 철, 아연, 칼슘, 망간, 구리, 세레늄 등 미네랄과 각종 비타민도 골고루 포함되어 있다.

과학자들의 연구에 따르면 대기 중의 이산화탄소가 늘어나면 곡물들이 맺는 열매에서 탄수화물 성분은 늘어나지만 단백질, 비타민, 미네랄 성분은 줄어든다. 쌀이나 밀과 같은 곡물의 단맛은 더 늘어나지만 필수적인 영양소의 양은 줄어들면서 점차 정크푸드로 변모해 간다는 이야기이다. 곡물 속 모든 미네랄과 비타민이 다 중요하겠지만 특히나 중요한 것은 철과 아연이다.

몸속에 철 성분이 부족하게 되면 피로감을 쉽게 느껴 육체 활동이 어려워지고 심하면 호흡 곤란과 심장 질환을 불러올 수 있다. 자라나는 청소년과 아동에게는 발육 부진이라는 부작용을 불러일으킨다. 아연이 부족하면 식욕 부진을 겪다가 나중에는 우리 몸의 면역 체계를 약화해 상처가 잘 치료되지 않거나 질병에 쉽게 걸리는 부작용을 겪는다. 현재 전 세계 인구 7명 중 1명인 약 10억 명이 만성적인 아연 부족을 겪고 있는 것으로 알려져 있다.

비타민 B도 매우 중요하다. 신체 내 신경 계통을 제어하고 우리가 섭취한 음식을 에너지로 바꾸는 데 중요한 역할을 하며 감염으로부터 신체를 지키는 역할도 한다. 특히 엽산이라 불리는 비타민 B9은 임산부의 빈혈과 조산을 방지하고 태아의 세포와 혈액을 만드는 데 필수적인 영양소로 알려져 있다. 식물 속에 탄수화물이 많아지면 이 모든 필수적인 영양분이 설 자리를 잃고 줄어들게 된다는 것이다.

현재 대기 중 이산화탄소 농도는 지속해서 증가할 것으로 전망된다. 여러 품종의 쌀을 재배해 인공적으로 이산화탄소에 노출한 실험이 최근에 행해졌는데 그 결과 거의 모든 미네랄과 비타민 등의 영양소가 감소했다. 단백질의 경우 약 10%, 철은 8%, 아연은 5%, 비타민 B1은 17%, 비타민 B2는 17%, 비타민 B5는 13%, 비타민 B9은 30%가량 줄어든 것으로 나타났다.[35] 감소 폭이 그리 커 보이지 않지만 세계의 많은 빈곤 국가에서 쌀이나 밀이 거의 유일한 식량이라는 점 그리고 이미 10억 명 이상이 만성적인 아연 부족을 겪고 있다는 점을 감안하면 5~30% 내외의 감소도 상당히 심각한 문제이다. 이러한 영양분 부족이 전 지구적으로 현실화되면 이미 만성적인 아연 부족을 겪고 있는 인구수가 현재의 10억 명에서 추가로 2억 명이 더 늘어날 것이라는 전망도 나오고 있다.[36]

선진국에 사는 사람들이야 '종합 영양제 한 병 사 먹으면 되겠네.'라고 생각할 수도 있을 것이다. 하지만 그렇게 간단한 문제가 아니다. 젖소나 육우가 먹는 사료의 품질도 저하될 것이다. 결국 더 많은 사료를 먹이기 위해 숲을 벌목해 목초지를 늘릴 수밖에 없을 것이다. 또한 동물 사료의 상당 부분이 곡물이다 보니 반려견과 반려묘의 사료도 질 저하를 피할 수 없다.

이쯤 되면 기후 변화로 인한 곡물의 질 저하는 지구상에 살고 있는 거의 모든 생명체에게 피해를 준다고 봐야 한다. 우리가 기후 변화라는 단어를 듣고 머릿속에 떠올리는 이미지는 녹고 있는 얼음 위에 서 있는 북극곰의 모습일 것이다. 하지만 기후 변화가 멀리서 살고 있는 북극곰이 아니라 빈곤한 나라의 수억 명 인구와 수십억 마리에 달하는 가축 그리고 내 방에서 뛰어노는 반려동물에게까지 영향을 미친다는 점을 기억해야 한다.

4장

지구를 위한 대화, 국제 협력의 현장

기후 변화에 맞선
전 세계의 연대

국제 협력, 왜 필요한가

인류가 엄청난 규모의 온실가스를 계속 배출해 온 것도 사실이긴 하지만 이 순간에도 수많은 사람이 온실가스를 감축하고 다른 한편으로는 기후 변화에 적응하기 위해 노력하고 있다.

과학자들과 기술자들은 저탄소 기술을 개발하고 있고, 정치인들은 기후 변화와 경제 성장을 조화시키기 위한 정책 개발에 힘쓰고 있으며, 환경 운동가들은 석탄 사용을 중지할 것을 요구하는 시민 운동을 활발하게 벌이고 있다. 이러한 움직임은 몇몇 나라에서만 일어나는 것도 아니고 여러 나라의 정부와 민간 단체들의 꾸준한 국제 협력 속에서 활발하게 벌어지고 있다.

그렇다면 근본적인 질문을 우리 자신에게 던져볼 필요가 있다. 도대체 왜 기후 변화 방지를 위한 국제 협력이 이렇게 활발하게 일어나는 것일까? 그것은 온실가스가 갖는 중요한 두 가지의 특성 때문인데 미세 먼지 문제와 비교해 보면 쉽게 이해할 수 있다.

첫째, 온실가스는 미세 먼지와 다르게 매우 강한 지리적 확산성을 갖고 있다. 미세 먼지를 포함한 대부분의 대기 오염 물질들은 다른 물질과 화학적 반응을 일으켜 안정화되거나 자외선에 의해 분해되거나 비와 함께 지표면에 내려앉기 때문에 오염원을 배출한 국가와 인접 국가에만 피해가 국한된다. 그렇기 때문에 중국 베이징에서 아무리 많은 미세 먼지가 배출되어도 태평양 한가운데에 있는 투발루가 미세 먼지로 뒤덮이지는 않는다. 반면 이산화탄소는 쉽게 분해되지도 않고 다른 물질과의 반응성도 매우 낮으며 공기 중에서는 매우 쉽게 확산한다. 지구상의 어느 나라가 배출했든 간에 이산화탄소는 전 세계로 퍼져나간다.

이산화탄소가 배출원과 상관없이 전 세계 어디로나 확산

되는 특징은 '내가 굳이 이산화탄소를 줄이지 않아도 나와 멀리 떨어져 있는 개인이나 나라가 이산화탄소 배출량을 줄이면 기후 변화는 자연스럽게 막히겠구나. 내가 굳이 노력할 필요가 없겠네.'라는 생각을 불러올 수도 있다. 온실가스 배출을 감축하려는 노력은 힘들고 고통스럽다. 따라서 많은 나라와 개인이 자신들에게 부여된 의무는 이행하지 않고 다른 나라와 타인이 의무를 이행하기를 기대하는 이기적인 생각을 갖는다. 따라서 온실가스를 감축하기 위해서는 한 나라만 노력해서는 안 되며 여러 나라가 서로 독려하고 도와주고 지켜볼 수 있는 국제 협력이 필수적이다.

둘째, 이산화탄소는 대기 중에서 오랫동안 사라지지 않는다. 몇몇 연구에 따르면 인류가 배출한 이산화탄소의 약 29%는 1,000년 동안 대기 중에 남아있고 1만 년이 지나도 14%는 사라지지 않는다고 한다.[37]

가장 오래된 인류의 문명도 채 1만 년이 되지 않는다. 그들이 일상생활에서 배출한 이산화탄소 중에서 10%가량이 지금도 대기 중에 남아있다는 점은 놀랍다. 이산화탄소는 대기 중에서 오랫동안 잔존할 수 있기 때문에 산업혁명 당시 선진국들이 배출한 막대한 양의 이산화탄소가 현재의 가난한 나라들에 피해를 미친다는 논리가 설득력을 갖는다.

또한 긴 잔존 기간을 감안하면 온실가스 감축을 위한 국제적인 협력체가 오랜 기간 잘 운영되어야 할 것이다.

기후 변화에 대응하기 위한 국제기구

몇몇 과학자들이 연구해 왔던 기후 변화의 문제에 세계 과학계가 본격적으로 관심을 기울이고 연구에 박차를 가하기 시작한 것은 대략 1980년대이다. 이러한 연구들은 현재 기후위기 상황이 어떠한지를 진단하고 누가 얼마만큼 영향을 주고받고 있으며 이를 해결하기 위해 무엇을 할 수 있는지 등 다양한 주제를 다룬다.

대부분의 과학 연구는 몇몇 과학자들만 열심히 연구할 뿐 일반인들은 크게 관심 갖지 않는다. 하지만 기후 변화가 야기하는 엄청난 후폭풍 때문에 기후 변화에 대한 연구는 과학자뿐만 아니라 정치인과 시민운동가를 포함한 다양한 사람들의 관심을 끌기 시작했다.

그리고 국제기구 또는 조약이 필요하다는 인식이 점차 받아들여지면서 여러 가지 국제기구와 조약이 만들어졌다. 그 결과 현재 전 세계 대부분의 나라는 최소 한두 개 이상의 각종 환경 또는 기후 변화 관련 조약에 서명하거나 이러한 주제를 다루는 국제기구의 회원국으로 가입되어 있다.

전 세계의 과학자들과 정치인들이 정기적으로 모여서 기후 변화를 보여주는 각종 증거를 살펴보고 향후에 어떠한 행동을 취해야 할 것인지 결정하며 이를 각종 조약이나 협정 등으로 옮겨 적어서 그에 서명하기도 한다. 이러한 조약이나 협정이 모여서 국제적인 기후 정책 및 각 회원국의 기후 변화 정책에 근간이 되는 것이다.

환경 및 기후와 관련된 가장 대표적이고 유명한 국제기구로는 '유엔환경계획*UNEP*'이 있다. 유엔환경계획을 이야기하기에 앞서 1972년에 무슨 일이 있었는지 살펴볼 필요가 있다.

지구가 가진 자원의 유한성, 경제 성장의 한계, 환경 보전의 필요성 등을 논의하기 위한 목적으로 유럽의 과학자와 교육자들이 자발적으로 만든 '로마클럽'이라는 단체가 1972년 〈성장의 한계〉라는 역사적인 보고서를 내놓았다. 그리고 같은 해에 환경 문제와 인류의 역할에 대해서 집중적으로 논의하는 세계 최초의 국제회의인 '유엔인간환경회의 *United Nations Conference on the Human Environment*'가 스웨덴의 스톡홀름에서 열렸다. 이 회의의 결과로 1973년에 유엔환경계

케냐 나이로비에 본부를 두고 있는 유엔환경계획 (출처 : 유엔환경계획)

획이 창설되는데 이는 개발도상국(케냐의 나이로비)에 본부를 둔 최초의 국제기구이다.

세계 환경 보호의 최전선에 서 있는 유엔환경계획은 1988년 세계기상기구와 힘을 합쳐 기후 변화를 전담할 새로운 국제기구인 '기후 변화에 관한 정부 간 협의체'를 만들었다. 이 국제기구에는 수백 명의 과학자와 정책 결정자들이 참여하고 있는데 지구가 겪고 있는 기후 변화와 관련된 모든 종류의 정보를 기록하고 어떻게 하면 온실가스 배출을 줄이고 또한 기후 변화에 적응할 수 있을지 연구하는 데 중추적인 역할을 담당하고 있다.

기후 변화에 관한 정부 간 협의체는 1990년 최초의 평가 보고서를 시작으로 각종 평가 보고서, 특별 보고서, 종합 보고서를 꾸준히 발간해 오고 있으며 2023년 3월에 〈제6차 종합 보고서〉를 발간하기도 했다. 2007년에는 인간이 초래한 기후 변화에 대한 지식을 축적하고 전파함과 동시에 기후 변화를 방지할 수 있는 정책의 토대를 마련한 공로를 인정받아 노벨 평화상을 수상하기도 했다.[38] 한편 2015년 10월부터 2023년 7월까지 이회성 박사가 제6대 기후 변화에 관한 정부 간 협의체 회장직을 맡아 기후 변화 방지에 크게 기여했는데 그는 2019년 〈타임*Time Magazine*〉지가 선정한 세계에서 가장 영향력 있는 100명에 뽑히기도 했다.

기후 변화에 관한 정부 간 협의체가 기후 변화와 관련한 과학적 지식을 조사하고 축적하는 것을 목적으로 한다면 '기후 변화에 관한 유엔 기본 협약***United Nations Framework Convention on Climate Change, UNFCCC***'은 우리가 파악한 과학적 지식과 정보를 어떻게 하면 실제로 실행에 옮길 수 있을지 고민하는 방법을 다룬 국제 협약이다. 1992년 브라질의 리우데자네이루에서 '환경 및 개발에 관한 유엔 회의***United Nations***

Conference on Environment and Development, UNCED'가 열렸다. 짧게 줄여서 '지구정상회의*Earth Summit*'라고 불리는 이 회의에서 여러 가지 국제 협약이 체결되었는데 그중에서 가장 중요한 것이 바로 기후 변화 방지를 목적으로 하는 기후 변화에 관한 유엔 기본 협약이었다.

2024년 말 현재 우리나라를 포함한 총 198개의 나라가 이 협약에 서명했다. 매년 각 회원국은 당사국총회*Conference Of the Parties, COP*를 통해 주요 의사 결정을 하는데 2025년 11월에는 브라질에서 제30차 당사국총회*COP30*가 열릴 예정이다. 1997년 제3차 당사국총회*COP3*는 일본의 교토에서 열렸는데 이곳에서 교토의정서가 합의되었고, 2015년 제21차 당사국총회*COP21*에서는 파리기후협약이 서명되었다.

우리나라에도 기후 변화 방지와 관련한 두 개의 중요한 국제기구가 소재하고 있다. 우선 '글로벌녹색성장연구소*Global Green Growth Institute, GGGI*'는 개발도상국의 저탄소 성장에 대한 자문을 제공하기 위해 만들어진 국제기구로 2010년 6월 서울에 설립되었다. 또한 녹색기후기금*Green Climate Fund, GCF*'은 인천시 송도에 위치한 국제기구로 온실가스 감축 및 기후 변화 적응 사업에 직접 금융 지원을 제공하는 국제기구이다. 2023년 말 기준으로 총 129개 나라의 243개 프로젝트에 135억 달러를 지원한 매우 큰 국제기구이다. 우리나라는 이 두 국제기구뿐만 아니라 다양한 국제기구에 지원함으로써 기후 변화 방지를 위한 국제적 노력에 동참하고 있다.

파리부터 글래스고까지 기후 협상의 여정

국제 협력, 왜 필요한가

기후 변화에 대응하기 위해 현재까지 인류가 기울인 노력을 살펴보려면 다섯 개의 도시를 둘러볼 필요가 있다. 세계에서 아름다운 항구 중 하나인 브라질의 리우데자네이루에서 1992년 시작되는 여정은 일본의 역사가 고스란히 담겨있는 예스러운 도시 교토를 거쳐 유럽에 위치한 덴마크의 코펜하겐과 프랑스의 파리를 지난 후 아제르바이잔의 바쿠까지 이어질 예정이다.

1992년 6월 브라질의 최대 도시인 리우데자네이루에서 무슨 일이 있었는지 살펴보자.

1992년 6월 브라질 리우데자네이루

기후 변화에 대응하기 위한 인류의 노력이 본격화된 것은 1992년의 지구정상회의에서부터이다. 이 회의가 갖는 중요성을 살펴보기 전에 1992년 이전에 기후 변화와 관련한 국제적인 논의가 어떻게 진행되었는지 간략히 살펴볼 필요가 있다.

지구정상회의가 열리기 13년 전인 1979년 제1차 세계기후회의*World Climate Conference*가 세계기상기구 주최로 열렸다. 이 회의에서는 인류의 활동으로 기후가 변화될 수 있다는 가능성에 대해 논의하고 이를 방지하기 위한 조치가 필요하다는 의견이 모아졌다. 1988년 기후 변화에 관한 정부 간 협의체가 만들어졌고 곧이어 1992년 제2차 세계기후회의에서는 기후 변화에 관한 정부 간 협의체가 작성한 보고서를 기반으로 전 세계 나라가 참여할 수 있는 기후 관련 협약을 만들자는 논의가 이루어지면서 지구정상회의가 열릴 분위기가 무르익었다.

1992년 브라질 리우데자네이루에서 열린 지구정상회의

에는 전 세계 180여 개 나라가 대표단을 보냈고 대통령이나 수상이 직접 참석한 나라도 110개가 넘었다. 정부 대표단이 8,000여 명, 환경 관련 민간 단체 관련자 1만여 명과 취재 기자 6,000여 명이 참여한 큰 국제회의였다. 이 회의는 전 세계 정부가 기후 변화에 직면한 인류의 미래를 논의하기 위해 모인 최초이자 당시로서는 최대 규모의 회의였다. 여기서 많은 국제 협약이 채택되었는데 그중 가장 중요한 것은 기후 변화에 관한 유엔 기본 협약이었다. 이 협약이 있었기 때문에 교토의정서와 파리기후협약도 탄생할 수 있었다.

1997년 12월 일본 교토

이제 비행기를 타고 지구의 정 반대편에 위치한 일본의 고도(古都)인 교토로 가보자. 때는 1997년이다. 유엔에서는 유엔총회가 최고 의사 결정 기구이듯이 기후 변화에 관한 유엔 기본 협약에서는 이 협약에 참여하는 국가가 모두 모인 당사국총회가 최고 의사결정기구이다.

1997년 교토에서는 제3차 당사국총회가 열려서 교토의정서가 합의되었다. 교토의정서는 기후 변화를 저지하기 위한

ALL THE NEWS WITHOUT FEAR OR FAVOR

The Japan Times

Friday, December 12, 1997 5TH EDITION ¥160

TODAY

▶ NATIONAL

Nago sets plebiscite

The Nago Municipal Government formally announces that a plebiscite will be held Dec. 21 on whether the Okinawa city should support construction of an offshore heliport for the U.S. military.
Page 2

▶ ASIA-PACIFIC

Taiwan on the record

Winners and losers in Taiwan's local elections seek to reassure U.S. officials they expect no change in dealings with the U.S. or China.
Page 6

▶ WORLD

What human rights?

Hillary Clinton highlights the lack of progress for many women in a speech at a U.N. ceremony marking the 50th anniversary of the Universal Declaration of Human Rights.
Page 7

▶ BUSINESS

Japan T-bond seller

In a sharp reversal, Japan becomes a net seller of U.S. Treasury securities

160 nations adopt Kyoto Protocol

Developed countries to cut their gas emissions by 5.2%

By SUMIKO OSHIMA and ASAKO MURAKAMI

KYOTO — Some 160 nations on Thursday adopted a historic agreement to fight global warming that calls on industrialized nations to cut the total volume of their greenhouse gas emissions by 5.2 percent between 2008 and 2012.

After an all-night negotiating session, the Third Conference of Parties to the United Nations Framework Convention on Climate Change produced the Kyoto Protocol, which for the first time ever sets legally binding targets

KYOTO COP3

greenhouse gases, is required to reduce emissions by 7 percent, the European Union by 8 percent and Japan by 6 percent.

The enforcement issue was pushed aside, but parties to the convention will meet in the future to determine how to penalize countries that fail to meet their targets.

An article on developing nations' "voluntary" participation in the fight against global warming — strongly demanded by the U.S. at the Kyoto conference — was deleted. Developing nations opposed the clause, fearing an eventual mandate that they be required to curb emissions.

The six types of gases singled out for reductions are carbon dioxide, methane, nitrous oxide, hydrofluorocarbons, perfluorocarbons and sulfur hexafluoride.

Whether to include all six was a main point of contention; initially, only the U.S. wanted all listed in the protocol.

It was also agreed that a "clean development mechanism" will be established, under which "credits" will be given to developed countries that provide financial assistance to developing countries in their efforts to reduce gas emissions.

In addition, a country will be allowed to subtract the amount of greenhouse gases absorbed by forests within its borders from its emissions.

The protocol allows the European Union to keep its "bubble" scheme, under which its 15 members will have different targets but will work together toward a common emissions-reduction goal.

Ritt Bjerregaard, head of the EU negotiating team, said that although an 8 percent reduction for the EU was agreed to, how the target will be achieved remains to be worked out.

"It's clear that we will have to go back and analyze the results of the conference," she

RAUL ESTRADA-OYUELA (center), chairman of the Committee of the Whole at the global warming conference that ended Thursday in Kyoto, is congratulated after the committee approved a draft protocol for gas emissions cuts.

Hashimoto vows efforts

Gist of Kyoto Protocol

교토의정서 채택을 보도한 일본의 신문 기사 (출처 : The Japan Times)

구체적인 행동 목표가 합의된 최초의 국제 협약으로 37개의 선진국은 2012년까지 1990년 대비 온실가스 배출량을 평균 5.2%가량 의무적으로 감축하기로 합의했다. 교토의정서 제1 부속서에는 의무적으로 온실가스 배출량을 줄여야 하는 나라의 이름이 적혀있고 이 나라들을 '제1 부속서 국가'라고 부른다. 우리나라는 이 당시 개발도상국의 지위를 인정받아 제1 부속서 국가에 포함되지 않아 온실가스 감축 의무를 부여받지 않았다. 교토의정서 체제는 '절반의 성공'을 거둔 체제라고 평가된다.

2009년 덴마크 코펜하겐

지구정상회의 개최 이후 5년 만에 기후 변화를 막기 위한 최초의 국제 협약인 교토의정서가 체결되면서 성공적으로 진행되는 듯 보였던 국제 사회의 노력은 2009년 큰 시련을 맞이한다. 그 현장을 살펴보려면 덴마크의 코펜하겐으로 가보아야 한다.

당시 국제 사회는 교토의정서의 후속 체제를 늦어도 2012년까지 만들 계획이었고, 코펜하겐에서 열린 제15차 당사국총회*COP15*는 이를 위한 협상의 마감 시한이었다. 회의가 처음 시작될 때만 해도 성공적인 협상을 전망하는 견해가 많았으나 국제 무대에서의 기후 변화 협상 밑바닥에 숨겨져 있던 해묵은 갈등이 수면 위로 떠오르면서 큰 난관에 부딪혔다.

선진국에만 감축 의무를 부과하는 교토의정서 체제와는 달리 이제는 개발도상국도 온실가스를 감축해야 한다는 선진국의 요구가 거세지자 개발도상국들이 이에 반발했고 결국 선진국과 개발도상국은 격렬하게 충돌했다. 미국과 영국 등을 포함한 주요 28개 선진국 정상이 도출한 합의문의 초안은 개발도상국들의 반발로 공식 문서로 채택되지도 못했다. 기후 변화 협상이 심각한 위기에 직면하게 된 것이다. 결국 2012년 카타르 도하에서 열린 제18차 당사국총회*COP18*에서 교토의정서는 2020년까지 시한이 연장되었다.

2015년 프랑스 파리

파리기후협약은 교토의정서에서 거둔 절반의 성공과 코펜하겐에서의 실패를 교훈 삼아 국제 사회의 적극적 참여를 끌어내는 데 중점을 두었다. 2015년 12월 합의된 파리기후협약은 온실가스 감축 의무를 선진국에게만 부과했던 교토의정서와는 달리 협약에 참여한 모든 국가에 자율적으로 온실가스 감축 계획을 세울 것을 요구했다.

선진국에만 감축 의무를 부과했던 교토의정서와는 달리 파리기후협약은 개발도상국에도 그 책임이 있음을 분명히 했다. 그러나 개발도상국의 반발을 달래기 위해 감축 의무는 부과하지만 언제 얼마나 어떻게 감축할지에 대한 구체적인 방법은 자율에 맡기는 묘수를 냈다. 각 나라에 자율적으로 목표를 세워 맡기는 방식은 겉보기에는 느슨하고 비효율적인 방식으로 보인다. 하지만 파리기후협약은 정교한 구조를 갖고 있다.

첫째, 지구상에 있는 거의 모든 나라가 파리기후협약에 참여하고 있는 상황에서 이웃 나라가 우리나라의 감축 동향을 바라보고 있다는 '동료 압박'은 큰 역할을 한다. 둘째, 정기적인 성과 점검을 공정하고 공개적으로 실시하자고 합의하면서 협약 참여국들의 지속적인 감축 노력을 기대할 수 있게 되었다. 셋째, 각 나라들은 감축 목표를 정기적으로 제출해야 하는데 새로운 감축 목표는 이전의 감축 목표보다 더 높아야만 한다는 '진전의 원칙' 또한 파리기후협약을 지탱하는 중요한 축이다.

파리기후협약은 마치 같은 반 학생 전체가 새벽에 모여서 운동장을 달리는 러닝 클럽에 합류하는 것과 비슷하다. '오늘 하루만 빼먹어야지'라고 생각했다가도 같은 반 친구들과의 보이지 않는 약속의 힘에 이끌려 달리기하러 나가는 것과 비슷하다는 말이다. 달리기를 잘하는 학생과 달리기를 잘 못하는 학생이 자율적으로 자신만의 목표를 세울 수 있지만 정기적이고 공개적으로 달리기 기록을 점검할 뿐만 아니라 다음번 목표는 현재의 달리기 기록보다 높은 수준으로만 세워야 하는 것이다.

당장 침대에서 몸을 일으키는 순간은 괴롭고 귀찮겠지만

결과적으로는 몸이 더 튼튼해지는 장기적인 효과를 얻게 되듯 기후 변화도 그러한 방식으로 멈춰야 한다는 것이 파리기후협약의 기본 철학이다.

2023년 아랍에미리트 두바이

제28차 당사국총회*COP28*는 2023년 아랍에미리트의 두바이에서 열렸다. 아랍에미리트는 무덥고 습한 중동에 자리 잡고 있어서 역대 당사국총회가 개최되었던 나라 중에서 기후 변화에 가장 취약한 나라였다. 반면 막대한 원유 매장량과 판매량을 자랑하는 대표적인 화석 연료 생산 국가이기도 하다.

총회 개최 직전에 프란치스코*Franciscus* 교황이 기후 변화를 막기 위한 조속한 조치를 촉구하고 기후 변화를 부정하는 사람들을 꾸짖는 메시지를 발표하는 등 많은 관심을 표하기도 했다.

2024년 아제르바이잔 바쿠

제29차 당사국총회*COP29*는 2024년 말 아제르바이잔의 바쿠에서 열렸다. 아랍에미리트와 아제르바이잔은 산유국으로 화석 연료를 대량으로 생산하는 국가에서 당사국총회가 연달아서 열렸다는 점은 주목할 만하다.

하지만 최근 몇 년 동안의 기후 변화 관련 국제적인 협상 상황에 대해서는 긍정적 평가와 부정적 평가가 엇갈리고 있다.

교토의정서와 파리기후협약

절반의 성공, 교토의정서

기후 변화를 막기 위한 인류의 노력이 항상 성공적이었을까? 안타깝게도 인류는 계획을 세우고 그 계획을 지키는 데 항상 성공적이지는 못했다. 우선 교토의정서를 살펴보자.

교토의정서는 국제 사회가 이산화탄소를 비롯한 여섯 개의 가스가 온실 효과를 일으킨다는 점을 최초로 규정한 국제 협약이다. 또한 교토의정서를 통해 온실가스를 효과적으로 줄일 수 있는 세 개의 대표적인 메커니즘을 도입하는 데도 성공했다. 공공 이행 제도*Joint Implementation*, 청정 개발 체제*Clean Development Mechanism* 및 배출권 거래 제도*Emission Trading* 등이다.

또한 교토의정서는 선진국들에 온실가스 배출을 감축하라는 의무를 강제적으로 부과하는 데도 성공했다. 얼핏 생각하면 꽤 효과적인 방법으로 보였지만 몇 년이 지나서 살펴본 결과는 오히려 실망스러웠다. 결론적으로 말하자면 교토의정서는 제한적인 수준의 성공만 거둔 것으로 평가된다. 교토의정서 체제는 어떤 문제점을 가지고 있었을까?

선진국에는 온실가스 감축 의무를 부과하고 개발도상국에는 부과하지 않는 방식이 결국에는 교토의정서 체제가 절반의 성공에 그친 가장 큰 이유였다. 중국이나 인도와 같은 나라는 많은 양의 온실가스를 내뿜고 있지만 개발도상국이라는 이유로 감축 의무를 부과받지 않았다. 거의 모든 나라는 국제적인 조약에 서명한 이후에도 의회가 이를 비준해야만 그 조약이 진정한 효력을 발하게 된다. 중국과 인도에 감축 의무가 부과되지 않은 것에 미국은 강한 불만을 제기했고 결국 미국의 의회는 교토의정서를 비준하지 않았다.

그 당시 세계 1위의 온실가스 배출 국가인 미국이 교토의정서에 참여하지 않게 되자 일본, 캐나다, 뉴질랜드 등 몇몇 선진국도 교토의정서의 효과성에 의문을 제기하면서 2013년을 전후로 탈퇴하기 시작했다. 결국 교토의정서가 실행되었던 약 20년 동안 온실가스는 오히려 꾸준하게 늘어났다.

인류의 미래가 걸린 약속, 파리기후협약

이러한 상황에서 서명된 파리기후협약은 교토의정서와 여러 가지 면에서 달랐다. 지구상에 존재하는 거의 모든 국가가 파리기후협약에 서명했는데 선진국은 물론 개발도상국에도 온실가스 감축 의무가 있다는 점을 명확히 했다. 또한 온실가스 감축량을 정해서 나라별로 할당하는 방식이 아니라 각 나라가 자신의 경제적, 기술적 상황에 맞게 자체적으로 결정한 감축 목표*Nationally Determined Contribution, NDC*를 달성하는 방식이다.

교토의정서 체제는 법적으로 엄격하게 이행이 강제되는 메커니즘이었던 반면 파리기후협약 체제는 회원국의 자발적인 참여를 기반으로 하되 동료 평가와 주기적인 모니터링을 기반으로 하는 협력적인 메커니즘이라고 할 수 있다. 국제 사회가 협력할 수 있는 구체적인 방법은 파리기후협약 제6조에 규정되어 있다.

파리기후협약에서 논의되고 합의된 것은 모두 성공적으로 이행되고 있을까? 그렇지 않다. 매년 선진국들이 총 1,000억 달러를 조성해 개발도상국의 기후 변화 대응을 지원하자고 합의했지만 실제로 조성된 금액은 그에 미치지 못하고 있다. 언뜻 생각하면 필요한 재원을 조성하지 않은 국가에 불이익을 주는 강제적인 방식을 도입할 수도 있었을 것이다. 그러나 주권을 가진 독립적인 국가를 제재한다는 것은 여러 가지 면에서 쉽지 않은 일이다. 따라서 강제 조항이나 처벌 조항이 없는 파리기후협약이 미래에도 잘 지켜질 것인지를 두고 봐야 할 것이다.

또한 국가 간 불평등의 문제도 제기된다. 경제 규모가 작거나 빈곤한 국가의 경우 기후 변화의 피해를 상대적으로 심하게 입고 있는데 기후 변화와 관련한 논의에서 그들의 목소리가 쉽사리 무시되곤 한다. 2021년 글래스고에서 열린 제26차 당사국총회에서는 석탄화력발전의 퇴출을 주장하는 작은 섬나라 개발도상국들의 목소리가 반영되지 않고 석탄화력발전을 계속 유지하고자 희망하는 인도를 포함한 강대국들의 의견이 반영되기도 했다.

한편 2024년 말 미국에서는 도널드 트럼프*Donald Trump* 대통령이 취임하면서 파리기후협약에서의 탈퇴를 공식화했다. 중국에 이어 세계에서 두 번째로 많은 탄소를 배출하는 미국의 이러한 움직임이 기후 변화를 막기 위한 전 세계적인 노력에 어떤 영향을 미칠지 현재로서는 확언하기 어려운 상황이다.

마지막으로 여러 나라가 참여하는 자율적이고 협력적인 절차는 정기적인 진행 경과 점검이 있어야만 성공적으로 진행될 수 있다. 실제로 파리기후협약은 정기적인 점검을 의무화하고 있다. 이러한 점검 및 점검 결과를 새로운 계획 수립에 환류*feedback*하는 절차가 파리기후협약의 성패를 좌우하게 될 것이다.

기후악당국에서
기후행동국으로

국제 사회가 지목한 기후악당

2016년 11월 〈클라이밋홈뉴스*Climate Home News*〉라는 외신 매체가 우리나라와 사우디아라비아, 호주, 뉴질랜드 등 4개 나라를 '기후악당*Climate Villain*'으로 선정해 발표했다.

사우디아라비아는 2015년 전 세계 거의 모든 나라가 서명한 파리기후협약에 서명하지도 않고 재생에너지 발전 비율 목표를 애초의 50%에서 10%까지 낮추는 등 탄소 배출 저감 노력을 게을리한 이유로 선정되었다. 호주는 경제성도 낮고 탄소 배출도 심할 것으로 전망되는 카마이클 탄광 개발을 지속하고 있다는 이유로, 뉴질랜드는 탄소크레딧 제도를 불투명하게 운영하다가 기후악당으로 선정되었다.

그렇다면 우리나라는 왜 기후악당으로 선정된 것일까? 〈클라이밋홈뉴스〉가 지적한 가장 큰 이유는 우리나라 정부가 탄소 저감 목표량은 그대로 두면서 목표 시한을 10년이나 연장한 데 있었다. 이는 사실상 탄소 저감을 위해 노력하지 않겠다는 뜻이라고 해석되었기 때문이다.

지금도 마찬가지이지만 2016년 당시에도 우리나라는 미국, 중국 등에 이어 상당히 많은 탄소를 배출하는 국가였다. 그렇지 않아도 직전년도(2015년)에 합의되고 서명된 파리기후협약의 협상 과정에서 유독 미미한 역할을 수행했던 우리나라에 대해 국제 사회의 실망감이 쌓여있던 차에 탄소 저감 목표 시한을 대폭 연장하자 우리나라는 기후악당이라는 오명을 얻게 되었다.[39]

우리나라의 기후 변화 대응 수준

그로부터 약 8년이 지난 현재 우리나라의 기후 변화 대응은 어느 정도 수준으로 평가되고 있을까? 기후행동네트

워크*Climate Action Network*와 신기후연구소*New Climate Institute* 등의 해외 민간 기관은 2007년부터 전 세계 주요 국가의 기후 변화 대응을 평가한 기후 변화 대응 지수*Climate Change Performance Index*를 매년 발표하고 있다.

2024년 12월에 발표된 지수에 따르면 우리나라는 67개 주요 국가 중 꼴찌에서 다섯 번째를 기록했다. 우리나라보다 낮은 나라 네 나라는 모두 산유국이므로 우리나라는 석유를 생산하지 않는 나라 중에서는 꼴찌를 기록한 셈이다. 2007년에는 56개 나라 중에서 48등이었던 우리나라의 등수는 그 이후 점점 낮아져 이제는 60등 밖으로 밀려나는 신세가 되었다. 왜 그런 걸까? 2016년에 우리나라가 기후악당으로 선정된 이유는 탄소 배출 목표 시한을 10년이나 연기한 채 석탄화력발전을 줄이거나 금지하기는커녕 정부의 재정 지원이 계속되고 있었기 때문이다.

그 이후에도 우리나라는 1인당 탄소 배출량 부문에서 경제협력개발기구 국가 중 상위권에 지속해서 속해있으며 석탄화력발전에 대한 가장 높은 의존도를 유지해 왔다. 그러다 보니 전체 에너지 생산량에서 태양열이나 풍력과 같은 신재생 에너지가 차지하는 비율은 최하위권을 벗어나지 못하고 있다. 결국 우리나라의 기후 변화 대응 지수가 비산유국 중 최하위를 벗어나지 못하게 된 것이다.

기후위기 해결을 방해하는 국가

기후 변화에 대한 우리나라의 소극적 대응에 대해 국제 사회는 어떤 평가를 하고 있을까? 2023년 12월 제28차 당사국총회가 아랍에미리트의 두바이에서 개최되었다. 나는 당시 인도의 뉴델리에 거주하고 있었는데 인도의 주요 언론 매체들도 제28차 당사국총회에서 논의되는 주요 내용들을 비중있게 다루었던 기억이 있다. TV는 물론이고 신문 매체들도 주요 논의 내용과 참여국들의 반응 등을 보도하고 있었다.

그런데 한국에 있는 친구들에게 물어보니 한국 내 분위기는 전혀 예상 밖이었다. 언론에서는 거의 보도되지 않았고 그렇다 보니 제대로 논의되지도 않고 있다는 것이다. 나중에 알고 보니 우리나라의 수많은 방송국과 신문사 중에서 취재 인력을 파견한 곳은 딱 두 곳뿐이었다. 우리나라 국민과 정부가 기후 변화에 큰 관심을 보이지 않다 보니 언론도 거의 관심 갖지 않은 것이다.

그 와중에 우리나라는 다시 한번 기후 변화 대응에 역행하는 나라로 선정되는 불명예를 안았다. 전 세계 150여 개국에서 활동 중인 2,000여 개의 기후 환경 관련 NGO의 연합 모임인 세계 기후행동 네트워크*Climate Action Network*가 기후 변화 협상을 방해하는 데 기여한 나라에 수여하는 '오늘의 화석 연료상*Fossil of the Day Prize*'에서 3등 상을 받은 것이다. 기후 변화를 막기 위한 국제적인 공조에 동참했다는 평가를 받아도 모자랄 판국에 기후 변화 대응을 방해하는 데 앞장섰다는 부끄러운 평가를 받은 것은 비산유국 중에서는 가장 뒤처져 있는 우리나라의 기후 변화 대응 행동과 줄어들지 않는 화석 연료에 대한 의존도가 가장 큰 요인이었다. 더 안타까웠던 사실은 당사국총회에 기자들을 파견한 언론사가 적다 보니 우리나라가 이런 불명예를 안았다는 사실조차 제대로 보도되지 않았다는 것이다.

그렇다면 기후 변화를 막기 위한 국제적인 논의는 현재 어떻게 진행되고 있고 우리나라는 어떤 면에서 가장 부족한 것일까? 우리나라처럼 거대한 탄소 발자국을 남기면서 '제조업 강국'이라는 자리에 올라선 나라는 기후 변화를 막기 위한 탈탄소 노력에 나설 수 없는 것인가? 만약 우리나라처럼 제조업 각 분야에서 엄청난 탄소를 배출하는 나라가 기후 변화를 막기 위한 노력에 동참하기 위해서는 어떻게 해야 할까?

화석 연료를 둘러싼 세계의 셈법

저탄소 사회로 가는 길의 걸림돌

기후학자들은 인류에게 닥쳐올 기후 재앙을 막기 위해서는 하루라도 빨리 합심해서 온실가스 배출을 획기적으로 감축해야 한다고 입을 모아서 말한다. 또한 이를 위해서는 화석 연료를 사회의 주요 에너지원으로 사용하는 행태를 조속히 멈춰야 한다고 주장한다.

많은 나라가 2050년까지 순배출 제로*Net Zero 2050*를 달성하겠다는 계획을 발표했고 이를 달성할 수 있는 과학 기술이 대부분 실현 가능하다는 점은 다행스러운 일이다. 하지만 정작 중요한 문제는 다른 곳에 있다. 화석 연료가 우리의 일상생활에 너무나도 깊숙하게 뿌리박혀 있기 때문에 저탄소 녹색사회로 전환하기 위해서는 온갖 종류의 경제적, 정치적 그리고 사회적인 장애물을 넘어서야만 한다.

화석 연료가 현재 우리 일상생활에서 큰 비중을 차지하게 된 데는 세 가지의 요소가 영향을 미쳤다. 첫 번째 이유는 화석 연료가 가진 화학적 특성인데 그것은 바로 화석 연료가 엄청난 양의 에너지를 작은 부피에 집적하고 있다는 점이다.

1리터짜리 빈 생수병에 가솔린을 가득 채웠다고 가정해 보자. 여기에 집적되어 있는 에너지를 전기 에너지로 환산하면 대략 9킬로와트시 정도이다. 요즘 생산되는 성능 좋은 LED 전구 한 개를 밝히는 데 사용되는 전기 에너지량이 약 10와트이니까 LED 전구를 하루에 3시간씩 하루도 빠놓지 않고 무려 10개월 동안 켜놓을 수 있는 정도의 많은 에너지를 갖고 있다.

만약 여기에 집적되어 있는 에너지를 한꺼번에 사용한다면 얼마나 큰 폭발력을 갖고 있을까? 대략 다이너마이트 네 개가량의 폭발력에 맞먹는 것으로 알려져 있다. 다이너마이트와 가솔린의 차이는 다른 에너지로 얼마나 빠르게 변하는가이다. 일순간에 폭발하는 다이너마이트와는 달리 가솔린은 운동 에너지와 같은 다른 에너지로 천천히 변환될 수 있다. 따라서 엔진이나 발전기처럼 꾸준한 속도로 움직여야 하는 기계에 사용될 수 있는 이상적인 에너지원이다.

화석 연료가 우리 주위 어디에서나 목격되는 두 번째 이유는 바로 화석 연료가 갖는 범용성 덕분이다. 화석 연료는 여러 가지 용도로 쓰일 수 있는데 건물을 난방하거나 전등을 켜거나 자동차나 비행기의 연료로도 사용될 수 있다. 화석 연료가 없다면 안락한 주거와 편리한 이동은 상상할 수 없을 정도이다. 또한 화석 연료를 직접 또는 간접적으로 활용하는 제조업 분야도 다양한데 합성 섬유나 플라스틱, 시멘트나 철 등을 만들 때도 화석 연료는 널리 사용된다. 현대의 산업과 사회는 화석 연료를 여러 방면에서 사용할 수 있기 때문에 유지되고 있다고 해도 과언이 아니다.

세 번째 이유는 화석 연료가 비교적 저렴하다는 점이다. 땅속과 바닷속에 엄청난 양의 화석 연료가 묻혀있기도 하고 인류가 이러한 화석 연료를 채굴하고 운송하고 이용할 수 있는 많은 사회 간접 자본을 건설해 놓았기 때문이다. 또한 화석 연료의 장점을 파악한 세계 주요 국가들이 이러한 화석 연료를 싼 가격에 채굴할 수 있도록 다양한 정책을 수립하고 시행한 덕분이다.

정부가 화석 연료를 생산하는 기업 또는 소비자들에게 제공하는 각종 세금 감면 혜택이나 보조금이 대표적인 예이다. 실제로 중동의 산유국을 포함한 많은 나라에서는 시장 가격보다도 더 싼 가격으로 휘발유나 가스를 구매할 수 있도록 소비자에게 보조금을 지급하고 있다.*

화석 연료,
정말로 저렴한 연료인가

그런데 여기서 한 가지 근본적인 의문점이 제기된다. 화석 연료는 정말로 저렴한 연료일까? 혹시라도 숨어있는 비용은 없는 것일까? 화석 연료를 생산해 소비하는 경우 화석 연료로부터 발생하는 부정적인 효과들이 생산자나 소비자에게만 머물지 않고 다른 사람들에게도 옮겨간다.

이러한 효과는 한 나라 안에서만 발생할까? 그렇지 않다. 우리나라에 있는 석탄화력발전소가 이산화탄소를 배출하면

* 국제통화기금(IMF)의 추산에 따르면 2022년 기준 전 세계적으로 화석 연료 보조금은 약 1조 2,000억 달러가 지급되었다. 하지만 화석 연료가 초래하는 환경 오염 피해까지 계산에 넣는다면 그 규모는 무려 7조 달러를 넘어선다.(https://www.imf.org/en/Topics/climate-change/energy-subsidies)

전 세계 해수면이 상승하고 이에 따라 태평양에 있는 투발루가 경제적인 타격을 입게 되므로 화석 연료의 부정적 효과는 국경을 초월한다고 할 수 있다.

왜 지구상에 있는 많은 나라는 이렇게 '실제로는 그리 싸지도 않은' 화석 연료에서 벗어나지 못하고 있는 것일까? 최소한 지난 200여 년 동안은 에너지 사용량이 경제 성장과 정비례했다. 또한 1인당 국민소득과 에너지 사용량 사이에도 강한 상관관계가 존재한다. 그렇다면 이러한 경향이 미래에 계속되어도 괜찮은 것일까? 무섭게 치솟고 있는 지구 온도의 상승 추세 속에서 탄소 의존적인 성장은 지속 가능하지 않다.

미국, 영국, 일본과 같은 선진국은 발달한 경제 체제를 가지고 있으며 이러한 경제를 유지하기 위해서는 막대한 에너지가 필요하고 결과적으로 화석 연료에 대한 의존도 역시 높다. 이러한 국가들은 온실가스를 대규모로 배출해 지구 온난화를 초래했지만 또 다른 한편으로는 신재생 에너지를 포함한 저탄소 사회를 만드는 데 필요한 신기술을 개발할 수 있는 재원 또한 상대적으로 풍부하다. 우리나라를 포함한 이러한 선진국들이 문제의 원인이자 다른 한편으로는 문제를 해결할 주체이다.

하지만 저탄소 사회를 만들 방법은 고사하고 기초적인 의식주를 해결할 수 있는 화석 연료마저 부족한 빈곤 국가도 많이 존재한다. 이러한 국가의 경우 대부분 인구가 빠르게 증가하고 있으며 이에 따라 더 많은 에너지가 필요하다. 경제 개발에 필요한 재원조차 부족한 개발도상국들은 지구 온난화를 막는 데 필요한 재원은 더더욱 없다. 결국 지구 온난화를 막을 책임은 선진국에 있다고 개발도상국들은 주장한다.

하지만 기후 변화에 따른 피해를 측정하고 그 기여도에 따라 해당 국가 사이에 비용을 분배한다는 것은 매우 복잡한 문제이다. 그나마 최근 몇 년 사이 국제 사회에서는 국가 간 비용 배분을 포함한 기후 변화 대응 논의를 꾸준히 진행해 왔다. 기후 변화 대응과 관련하여 국제 사회에서는 주로 무엇을 논의하고 있는지 살펴보자.

기후 딜레마, 협력 없이 풀 수 없는 퍼즐

저탄소 사회로 가는 길의 걸림돌

경제학 분야 중의 하나인 게임 이론에는 '죄수의 딜레마'라는 유명한 게임이 있다. 어느 날 경찰은 도난 사건의 유력한 용의자 두 명을 체포한다. 두 명의 공범을 분리해 각각 다른 조사실에서 조사한다.

경찰　어서 물건을 훔쳤다는 것을 인정하시오.

용의자1　저는 안 훔쳤어요. 제 친구도 안 훔쳤고요. 저희가 훔쳤다는 증거도 없잖아요? 만약 두 사람이 모두 도난 사건과 관련이 없다고 끝까지 부인하게 되면 어떻게 되죠?

경찰 두 사람이 모두 끝까지 범행을 부인한다면 절도죄를 적용하지는 못하겠죠. 대신 그보다는 조금 가벼운 무단 침입죄가 적용되어 두 사람 모두 1년 형만 받을 겁니다.(다음 페이지 그림의 왼쪽 위 칸) 하지만 만약 당신이 범행을 부인했는데 다른 공범이 범행을 자백하면 당신이 그 죄를 모두 뒤집어써서 당신 혼자 10년 형을 선고받게 되고 당신 친구는 석방될 겁니다.(다음 페이지 그림의 오른쪽 위 칸) 반대로 당신이 범행을 인정했는데 당신 친구가 끝까지 부인하면 당신은 석방되겠지만 당신 친구는 10년 형을 받게 될 겁니다.(다음 페이지 그림의 왼쪽 아래 칸)

용의자1 (한참을 고민하다가) 만약 두 사람이 모두 도둑질한 것을 자백하면 어떻게 되나요?

경찰 그러면 정상 참작이 되어 두 사람 모두 징역 3년 형을 받게 되겠죠.(다음 페이지 그림의 오른쪽 아래 칸)

두 명의 용의자는 각각 다른 조사실에서 조사받고 있기 때문에 서로 의사소통을 할 수 없고 따라서 상대방이 자백

용의자		용의자2	
		부인	자백
용의자1	부인	징역 1년 / 징역 1년	석방 / 징역 10년
	자백	징역 10년 / 석방	징역 3년 / 징역 3년

죄수의 딜레마 게임

했는지 안 했는지 알 수 없다.

만약에 내가 용의자1의 상황이라면 어떻게 행동하는 것이 가장 바람직할까? 끝까지 범행을 부인하고 잡아떼는 게 좋을까? 만약 내 친구(용의자2)도 나처럼 끝까지 잡아뗀다면 둘 다 1년 형만 선고받을 것이다. 하지만 만약 나는 계속 부인하는데 친구가 덥석 자백해 버리면 나 혼자만 10년 형을 선고받게 되는 낭패스러운 상황이 된다. 용의자는 고민에 휩싸인다.

'옆방에서 조사받는 내 친구를 과연 믿을 수 있을까?'

'내 친구가 나를 배신하면 어쩌지?'

결국 곰곰이 고민하던 용의자는 끝까지 범행을 부인한다

면 얻을 수 있는 더 좋은 결과(두 명 다 징역 1년만 선고받는 왼쪽 위 칸)를 선택하지 못하고 범행을 자백해서 둘 다 3년 형을 선고받는 선택(오른쪽 아래 칸)을 할 수밖에 없게 된다.

협력해야만 이기는
죄수의 딜레마 게임

죄수의 딜레마는 게임 이론에 등장하는 가장 유명하고 고전적인 게임이다. 이 게임이 우리에게 주는 교훈은 다음과 같다.

우선 두 명의 용의자가 자유롭게 소통하고 서로 신뢰할 수 있었다면 끝까지 서로를 믿고 범행을 부인해 결국 징역 1년 형을 선고받는 결과를 얻을 수 있었을 것이다. 하지만 두 용의자는 서로를 믿지 못했고 서로 소통할 수 없었으므로 결국 자백을 하고 3년 형을 받은 것이다. 결국 이 게임의 참여자(용의자1과 용의자2)들이 가장 바람직한 결과를 얻기 위해서는 상호 간의 신뢰와 원활한 의사소통이 필요하다는 것을 보여준다.

많은 경제학자가 기후 변화에 대한 국제적인 대응 노력이 죄수의 딜레마 게임과 한편으로는 매우 닮아있지만 다른 한편으로는 닮아있지 않다고 말한다. 왜 그럴까?

이 게임에 범죄 용의자 두 명이 아니라 기후 변화에 나서고 있는 나라들이 참여하고 있다고 가정해 보자. 그리고 나라들이 모두 합심해 이산화탄소 배출을 감축한다면 감축에 드는 비용이 특정한 나라에 집중되지도 않고 감축의 효과도 전 세계 국가가 골고루 누릴 수 있을 것이다.(왼쪽 위 칸)

하지만 각국 정부들은 서로 소통하지도 않고 더 나아가 다른 나라의 감축 노력을 믿지 못할 수도 있다. 이 경우 각 나라는 '우리나라는 힘들게 큰 비용을 들여서 감축에 나서고 있는데 이웃 나라는 감축 노력을 하지 않고 있는' 상황(오른쪽 위 칸 또는 왼쪽 아래 칸)이 발생할 것을 두려워한다. 이 걱정 때문에 모든 나라가 이산화탄소 감축 노력을 게을리하면 결국에는 전 지구적인 이산화탄소 저감은 이루어지지 못할 것이다.(오른쪽 아래 칸)

탄소 감축을 위한 국제적인 노력이 이루어지기 위해서는 각 국가 간의 자유롭고 솔직한 의사소통 그리고 신뢰가 매우 중요하다는 것을 보여준다. 또한 이를 위해서 기후 변화에 관한 유엔 기본 협약을 포함해 다양한 플랫폼이 적극적으로 활용되어야 한다는 점도 보여준다.

죄수의 딜레마 게임에서 얻을 수 있는 두 번째 교훈이 있다. 죄수의 딜레마 게임은 한 번만 진행되는 게임이다. 다시 말해 단 한 번의 게임으로 죄수가 석방되거나 징역형을 선고받고 게임이 끝나버리는 것이다. 하지만 기후 변화 대응은 단 한 번으로 끝나는 일회성 게임이 아니다. 게임 이론에 등장하는 전문 용어로 말하자면 '반복 게임'이다.

반복 게임에서는 첫 번째 참여자의 행동을 관찰한 두 번째 참여자가 첫 번째 참여자의 행동에 근거해 자기 행동을 결정한다. 그리고 두 번째 참여자의 행동을 관찰한 첫 번째 참여자가 이를 근거로 자기 행동을 결정하는 사이클이 반복된다. 각 참여자의 행동이 다른 참여자의 행동에 직접적인 영향을 미치게 되고 그러한 영향은 게임이 반복되는 동안 계속된다는 의미이다. 기후 변화의 틀에서 해석하자면 한 국가의 탄소 감축을 위한 행동이 다른 국가의 행동에 영향을 미치게 되므로 국제적인 공조와 지속적인 성과 모니터링이 매우 중요하다는 교훈 또한 우리에게 주고 있다.

마지막으로 죄수의 딜레마 게임은 기후 변화에 대한 대응과 중요한 차이점을 가지고 있다. 이 게임에서는 두 명의 죄수가 모두 같은 형량을 선고받는다. 하지만 현실에서는 각 나라가 서로 다른 형량, 즉 기후 변화에 따른 서로 다른 규모의 피해를 당한다. 또한 이러한 피해는 대부분 개발도상국 또는 경제 규모가 작은 나라에서 더 심하게 나타난다. 개발도상국의 기후 변화 대응에 선진국이 더 많은 관심을 가져야 하는 이유가 바로 여기에 있다.

5장

미래를 위한 선택, 협력의 힘

국제 사회가 지금 집중하는 기후 아젠다

기후 변화에 대응할 때 국가 간 신뢰 구축, 협력 강화 그리고 정기적인 모니터링이 중요하다는 점을 죄수의 딜레마 게임을 통해 설명했다. 그렇다면 최근 몇 년 동안 기후 변화와 관련한 국제적인 논의는 어떻게 진행되어 왔을까? 그리고 앞으로 어떤 논의들이 진행될까?

국제 사회에서 논의되고 있는 기후 변화 관련 협상의 동향을 알아보기 위해 제26차 당사국총회가 열렸던 2021년 11월 스코틀랜드의 글래스고로 가보자.

목표 시한이 없는 석탄발전의 단계적 감축

전 세계 이산화탄소 배출의 약 4분의 1을 차지하면서 단일 산업 부문에서 가장 많은 이산화탄소를 배출하는 부문은 발전 산업이다. 따라서 지구의 평균 기온을 산업화 이전과 비교해 1.5도 이내로 유지하기 위한 가장 시급하면서도 핵심적인 과제는 바로 발전 산업 분야에서의 이산화탄소 배출을 감축하는 것이다. 제26차 당사국총회의 가장 큰 성과를 꼽자면 석탄화력발전을 '단계적으로 감축'하자는 데 합의한 것이다.

물론 우여곡절이 많았다. 애초에 기후 변화에 관한 유엔 기본 협약의 사무국에서 준비한 합의서 초안에는 석탄화력발전을 '단계적으로 퇴출'하자는 내용이 담겨있었다. 다시 말해 석탄화력발전을 단계적으로 그러나 언젠가는 완벽하게 금지하자는 내용의 초안이 준비되었다.

하지만 제26차 당사국총회가 진행되는 동안 중국이나 인도와 같은 개발도상국이 석탄화력발전을 퇴출하겠다는 당초의 초안을 완화해 달라고 강력하게 요구하기 시작했다. 상대적으로 싼 가격과 범용성 때문에 석탄은 많은 개발도

알록 샤르마 의장이 울먹이고 있다. (출처 : The Guardian)

상국에서 사랑받고 있고 그 때문에 '가난한 자들의 석유'라고도 불린다. 석탄을 퇴출하게 되면 급격히 늘어나게 될 에너지 비용을 걱정한 주요 개발도상국들이 '퇴출'이 아닌 '감축'을 주장한 것이다. 결국 주요 유럽 국가 그리고 투발루와 같은 섬나라의 강력한 항의에도 불구하고 최종적으로는 '단계적 감축'으로 합의되었다.

당시 제26차 당사국총회 의장은 영국 산업에너지부 장관을 지내기도 했던 알록 샤르마*Alok Sharma* 하원의원이었다. 석탄화력발전의 '단계적 퇴출'에서 대폭 후퇴한 '단계적 감축'이라는 타협안에 실망한 많은 회원국 대표에게 사과하면서 울먹이는 그의 모습은 안타까움을 자아내기도 했다.

퇴출도 아니고 감축으로 약화된 목표, 게다가 언제까지 얼마나 감축하겠다는 구체적인 목표 시한도 없는 실망스러운 합의였다. 하지만 석탄화력발전이 지구 온난화의 가장 큰 주범이라는 사실을 국제 사회가 비로소 인정하고 이를 감축하겠다는 데 뜻을 모았다는 것은 의의가 있다.

제26차 당사국총회에서 공식적으로 합의된 두 가지 사항 이외에도 크고 작은 성과가 있었다. 우선 우리나라를 포함한 105개 나라가 산림 손실과 토지 황폐화를 막기 위해 노력하겠다는 서약에 서명했다. 전 세계 산림 면적의 약 85%를 차지하는 나라들은 2030년까지 황폐해진 토지를 되살리겠다는 뜻을 담은 '산림과 토지 이용에 관한 글래스고 지도자 선언'에 합의한 것이다. 또한 100여 개 국가가 2030년까지 메탄가스 배출량을 30%가량 줄이겠다는 협약에도 서명했으며 30개 주요 자동차 생산국 정부와 11개 자동차 생산기업은 2040년부터는 무공해 차량만 판매하겠다고 합의했다. 안타깝게도 우리나라, 미국, 중국, 일본, 독일, 프랑스와 같은 주요 자동차 강국은 이 합의에 참여하지 않았다.

아프리카에서 처음 열린 제27차 당사국총회

이집트의 샤름 엘 셰이크에서 열린 제27차 당사국총회 *COP27*의 가장 큰 성과를 꼽으라면 '손실과 피해 기금'을 설립하자는 데 합의했다는 점이다. 왜 이 합의가 의미를 가지는 것일까? 손실과 피해 기금을 설치함으로써 가난한 나라와 잘사는 나라 사이에 존재하는 기후 불평등을 해소하기 위한 첫 발자국을 내디뎠기 때문이다.

선진국들은 수백 년 동안 다량의 온실가스를 배출해 선진국에 진입했지만 이들이 배출한 온실가스로 인한 피해는 기후 변화에 대응할 재정적, 기술적 역량이 없는 가난한 나라에 집중되는 기후 불평등 현상이 오랫동안 존재해 왔다. 제27차 당사국총회를 통해 비로소 국제 사회는 기후 불평등 현상의 존재를 인정하고 이를 해소하기 위해서는 선진국이 기금을 조성해 개발도상국의 기후 변화 대응을 도와야 한다는 데 합의했다. '오염자 부담 원칙'이 기후 변화 분야에서 국제적으로 재확인된 역사적인 사건이라고 평가할 수 있다.

하지만 제27차 당사국총회가 손실과 피해 기금 설립 논의에 집중하다 보니 다른 주제에서는 큰 진전을 이루지 못했다는 평가도 나오고 있다. 주요 민간 단체들은 제26차 당사국총회에서 합의된 석탄발전의 단계적 감축을 확대해 모든 화석 연료의 단계적 감축에 합의해야 한다고 주장해 왔다. 하지만 이러한 합의는 이루지 못했다. 손실과 피해 기금을 설치하자는 데는 합의가 이루어졌지만 구체적으로 얼마나 많은 금액을 언제까지 모아야 할지에 대해서는 합의가 이루어지지 않은 것도 안타까운 점이다. 글래스고에서 제기된 내용들을 추가로 논의하거나 발전시키지 못하고 재확인하는 수준에 그친 사항도 많다.

제27차 당사국총회에서 거둔 작지만 다양한 성과도 많다. 우선, 글래스고에서 105개 나라가 2030년까지 메탄가스 배출량을 최소 30% 감축하겠다고 선언했는데 이집트에서는 45개 나라가 추가로 메탄가스 감축에 서약했다. 이산화탄소에 비해 배출되는 양은 작지만 훨씬 강력한 온실 효과를 발휘하는 메탄가스의 감축에 대해 국제적인 합의가 확대된 것은 상당히 바람직하다고 볼 수 있다.

둘째, 기후 변화 대응이라는 국제적인 목표를 원활하게 지원할 수 있도록 국제 금융 질서를 개혁할 필요성이 제기되었다는 점도 주목할 만하다. 그동안 세계은행*World Bank*과 같은 다자개발은행*Multilateral Development Bank*들은 개발도상국의 빈곤 퇴치와 경제 사회 개발에 주력해 왔다. 하지만 미국을 중심으로 한 몇몇 나라들은 다자개발은행들이 개발도상국의 빈곤 퇴치뿐만 아니라 친환경 에너지 전환 사업과 같은 기후 변화 대응 분야에도 좀 더 적극적으로 금융을 지원해야 한다고 주장하기 시작했다. 국제 금융 질서를 언제까지 어떻게 개혁해야 할지에 대한 구체적 합의는 이루어지지 않았으나 향후 기후 변화 대응을 위한 국제적인 논의에서 이 부분이 계속 다뤄질 것으로 예상된다.

산유국에서 연속으로 개최된 제28차, 제29차 당사국총회

2023년 제28차 당사국총회는 사우디아라비아와 이라크와 더불어 중동에서 가장 많은 원유를 수출하는 나라인 아랍에미리트에서 개최되었다. 이전의 당사국총회와 마찬가지로 여러 가지가 합의되고 이행되었지만 아쉬움을 남긴 점도 그에 못지않게 많았다.

첫째, 제27차 당사국총회에서 합의한 손실과 피해 기금이 공식적으로 출범했다. 약 8억 달러에 달하는 재원이 모금

되면서 기후 변화로 피해를 당한 개발도상국들을 지원할 수 있는 기금이 첫발을 내디뎠다. 물론 개발도상국이 기후 변화로 입은 피해액이 수천억 달러로 추정되는 상황에서 1%에도 미치지 못하는 재원이 모금된 것은 한계점이라 할 수 있지만 점차 더 많은 선진국이 동참할 것으로 기대된다.

둘째, 2030년까지 전 세계 신재생 에너지 발전 용량을 3배 늘리기로 합의했다. 국제에너지기구*IEA*의 통계에 따르면 2012년에 전 세계에서 만들어지는 전기 중 20.8% 수준이던 신재생 에너지 비율은 빠르게 성장해 2022년에는 약 29.5%에 이르렀다. 절반가량이 수력발전(15.0%)이며, 풍력발전(7.3%)과 태양열발전(4.5%)이 그 뒤를 잇고 있다.[40] 하지만 온실가스 배출량을 더 획기적으로 줄이기 위해서는 2030년까지 총발전 용량의 90% 이상을 신재생 에너지가 담당해야 한다는 데 국제 사회가 의견을 모은 것이다.

셋째, 당사국총회의 합의문에서 최초로 에너지 체계를 기존의 '화석 연료로부터 전환'해야 한다는 데 합의했다. 애초에는 제27차 당사국총회에서 합의된 내용, 즉 석탄발전의 단계적 감축을 전체 화석 연료로 확대하자는 내용이 제안되었으나 사우디아라비아와 러시아 같은 산유국들이 반대하면서 결국에는 '화석 연료를 감축'한다는 표현 대신 '화석 연료로부터 전환'해야 한다는 다소 낮은 수위의 표현이 합의서에 담기게 되었다. 화석 연료 전체를 감축해야 한다는 데는 합의하지 못했으나 당사국총회 합의문 역사상 최초로 '화석 연료로부터 벗어나야 한다'는 표현이 담긴 것은 그나마 뜻깊은 결과라고 할 수 있다.

넷째, 2015년에 합의된 파리기후협약을 각 국가가 얼마나 잘 이행하고 있는지 점검하는 범지구적 이행 점검이 처음으로 실시되었다. 죄수의 딜레마 게임에서 설명했던 대로 게임 참여자들의 행동을 지속해서 상호 감시해야만 참여자들이 이기적인 목적에 따라 움직이는 것을 막을 수 있다.

파리기후협약도 범지구적 이행 점검을 통해 각 나라의 기후 변화 대응 태세를 점검하고 지속적인 노력을 촉구하는 장치를 갖고 있다. 범지구적 이행 점검은 5년마다 실시된다. 2023년 최초의 이행 점검이 실시되었고 각 나라의 실적을 점검한 결과 지구 온난화를 막기 위해서는 기후 변화 대응을 위한 노력을 더 기울여야 한다는 사실이 재확인되었다.

아제르바이잔의 바쿠에서 개최된 제29차 당사국총회에서는 신규 재원 조성 목표가 가장 활발하게 논의되었다. 2021년 당사국총회에서 전 세계적인 기후 변화에 대응하기 위해 최소 매년 1,000억 달러를 모금하기로 합의했고 이를 달성하기로 한 시한이 2025년이다. 따라서 2024년에 열린 제29차 당사국총회에서는 신규 재원을 어느 나라가 얼마나 많이 어떠한 형태로 제공할 것인지에 관해 치열하게 토론했다. 국제 사회가 2035년까지 연간 1조 3,000억 달러 이상을 신규로 조성해 기후 변화 방지에 사용할 것을 합의했고 이 중 3,000억 달러는 선진국이 주도해 조성하기로 합의했다.

파리기후협약 제6조와 관련된 세부적인 이행 규칙이 최종적으로 합의되면서 국제 탄소 시장이 본격적으로 출범할 수 있는 기반이 마련되었다. 2022년 제27차 당사국총회에서는 각 국가 간 협력을 통해 온실가스 배출 절감에 도달하는 방법을 정한 파리기후협약 제6조의 구체적 규칙과 절차에 대해서 대략 합의한 후 후속 협상을 제28차 당사국총회에서 이어 나가기로 결정했지만 최종 합의에 이르지 못했다. 결국 제29차 당사국총회에서 논의가 계속 이어지면서 결실을 보았다.

제29차 당사국총회가 만족할 만한 성과를 거두지 못했다는 비판도 나온다. 제29차 당사국총회 개막식에 참석한 아제르바이잔 대통령은 '석유와 가스는 신의 선물이며 이를 자유롭게 거래하는 것을 비난해서는 안 된다'는 발언을 하면서 당사국총회 참석자들을 당황스럽게 만들었다. 당사국총회의 의장국이 화석 연료에 유화적인 태도를 보이면서 역대 당사국총회와 비교하여 성과가 다소 부족하다는 평가도 나오고 있다.

제30차 당사국총회는 2025년 말 브라질에서 열릴 예정이다. 세계 제2위 탄소 배출국인 미국이 파리기후협약을 탈퇴하고 국제 협약과 다자기구의 역할 축소가 나타나고 있는 우려스러운 상황 속에서 제30차 당사국총회는 향후 국제적인 기후 변화 대응 동향을 결정할 중요한 회의가 될 것이다.

시장의 힘으로 탄소 배출을 조절할 수 있을까

'부(-)의 외부효과'란 어떤 경제 주체(예 : 화력발전소)의 활동(예 : 석탄을 이용한 화력발전)이 의도하지 않은 부작용(예 : 공기 오염과 이산화탄소 배출)을 일으키므로 실제로 이러한 활동은 겉으로 보이는 것보다 더 많은 사회적 비용을 초래하고 있다는 개념이다.

이러한 추가적인 사회적 비용은 원래 해당하는 경제 주체(화력발전소)가 부담해야 한다. 하지만 대부분의 경우 해당하는 경제 주체와 전혀 상관없는 제3자들이 부담(예를 들어 화력발전소 근처에 살고 있는 주민들 사이에서 폐암 발생률이 높아지는 것 등)하는 경우가 많다. 담배 회사나 주류 회사는 제품을 만들어 돈을 벌 수 있겠지만 담배나 술을 소비한 소비자가 질병에 걸리게 되면 이들을 치료하기 위한 의료비를 전체 사회가 부담하게 되는 것도 비슷한 경우이다. 제철 회사에서 이산화탄소를 배출하면서 철을 만들면 그 회사는 돈을 벌겠지만 배출된 이산화탄소는 여러 곳에 피해를 입히게 된다. 이처럼 일을 저지르는 사람은 비용을 부담하지 않고 엉뚱한 사람이 그 피해를 당하는 문제는 어떻게 해결해야 할까?

세금을 매깁시다

부(-)의 외부효과에 따른 추가적 비용을 해결하기 위한 가장 중요한 원칙은 무엇일까? 이 비용을 발생시키는 주체가 그 비용을 부담해야 한다는 원칙일 것이다. '오염자 지불 원칙'이라고 불리는 이 원칙은 1972년 경제협력개발기구에서 채택된 원칙이다. 그렇다면 부(-)의 외부효과에 따른 비용을 처리하는 구체적 방법에는 어떤 것이 있을까? 두 가지 방법을 생각해 볼 수 있다.

첫째, 부(-)의 외부효과, 즉 외부 비경제를 일으키는 경제 주체에게 일정한 세금을 부과할 수 있을 것이다. 예를 들어 이산화탄소를 배출하는 석탄화력발전소나 국민의 건강을 해치는 담배나 주류 생산 기업에 일정한 세금을 내도록 하는 것이다. 이 아이디어는 영국의 경제학자 아서 피구*Arthur Cecil Pigou*가 최초로 제안하고 정교하게 다듬었는데 외부 비경제의 주체에게 부담시키는 세금은 그의 이름을 따서 '피구세*Pigouvian tax*'라고 불린다. 피구세를 부과하면 크게 두 가지 효과가 있다.

우선, 높아진 생산 비용이 가격으로 전가되면서 소비자들의 소비를 줄일 수 있다. 우리나라 정부도 흡연율을 줄이기 위해 꾸준하게 담배에 대한 세금을 인상하고 있는 것도 바로 이러한 이유 때문이다. 둘째, 이렇게 거둬들인 재원을 유용한 곳에 사용할 수도 있다. 실제로 우리나라에서 판매되는 담배 한 갑에는 840원가량의 국민건강증진 부담금이 포함되어 있는데 이 돈은 금연 캠프를 포함한 정부의 금연 교육에 사용된다.

기후 변화를 막기 위해서도 이러한 피구세가 제안되었고 몇몇 나라에서는 실제로 채택되어 운영되고 있다. '탄소세*Carbon tax*'라 불리는 이 세금은 이름이 의미하는 대로 이산화탄소를 배출하는 기업에 배출하는 이산화탄소량에 비례해 세금 납부 의무를 부과하는 제도이다. 보통 배출하는 이산화탄소 1톤당 일정한 금액의 세금을 부과하는 형태로 운영된다. 1990년 핀란드가 세계 최초로 탄소세를 도입했고, 그 이듬해에 노르웨이와 스웨덴이, 1992년에는 덴마크가 도입했다. 현재 세계 약 26개 나라가 탄소세를 도입해 운영 중이다.

그렇다면 탄소세는 어떠한 문제점도 없는 완벽한 제도일까? 안타깝게도 그렇지 않다. 탄소세를 부과하기 위해서는 기업들이 배출하는 이산화탄소량을 정확하게 측정하는 것이 가장 첫 번째 단계일 텐데 이 단계부터 다양한 어려움이 존재한다. 특정한 회사의 생산 공정, 생산량은 물론이고 기온이나 습도에 따라 이산화탄소 배출량도 매번 바뀌기 때문에 이를 정확하게 측정하기는 매우 어렵다. 또한 배출하는 이산화탄소량을 정확하게 측정할 수 있다고 해도 이러한 이산화탄소에 과연 얼마나 높은 세금을 매겨야 하는지도 논쟁거리일 수밖에 없다.

실제로 이산화탄소 1톤에 대해서 100유로가 넘는 세금을 매긴 나라도 있지만 10유로 내외의 세금을 매긴 나라도 있다. 전 지구적인 기후 변화를 막기 위해 탄소세는 필요한 제도이기는 하다. 하지만 자기 나라의 기업에만 높은 탄소세를 부과할 경우 자칫 다른 나라 기업들과의 국제 경쟁에서 불리하게 작용할 수 있다. 따라서 대부분의 정부는 자국 기업의 경쟁력을 침해하지 않으면서 다른 한편으로는 기업들의 이산화탄소 배출 감축을 유도할 수 있는 적정한 수준의 탄소세를 부과하기 위해 많이 고민하고 있다.

거래하도록 해줍시다

피구세의 한 형태라 할 수 있는 탄소세는 기본적으로 세금이라는 특성을 가지고 있으므로 정부에 의해 이산화탄소의 가격이 일률적으로 정해진 후 기업들은 그 금액을 국가에 납부해야 한다. 하지만 이산화탄소 배출량을 정확하게 측정하기 어렵고 정부가 부과하는 세금이 과연 적정한 수준인지 알기 어렵다는 문제점들은 꾸준히 제기되어 왔다.

그렇다면 이러한 문제점을 해결할 수 있는 다른 방법은 없을까? 탄소 배출에 따른 외부 비경제를 해결하는 두 번째 방법으로 탄소 배출권 거래 방식이 있다. 이산화탄소를 배출할 수 있는 권한을 시장에서 사고판다는 의미에서 '탄소 시장 제도'라고도 불리며 '배출권 거래 제도'라고도 한다.

가장 먼저 정부는 이산화탄소를 배출하는 기업들에 배출 한도를 부여한다. 그렇게 되면 어떤 기업은 자신에게 주어

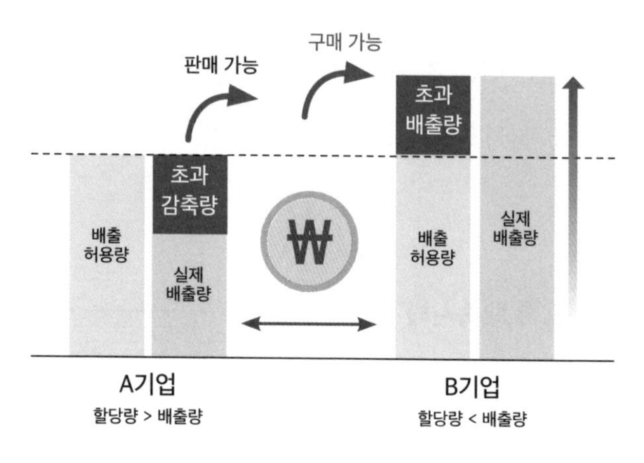

배출권 거래 제도의 개념 (출처 : 환경부, 메리츠증권)

진 배출 한도보다 더 많은 이산화탄소를 배출하고, 또 다른 기업은 배출 한도보다 더 적은 이산화탄소를 배출한다. 이제 배출 한도보다 더 적게 이산화탄소를 배출한 기업이 남아있는 배출 한도, 즉 배출권을 배출 한도보다 더 많이 이산화탄소를 배출하는 기업에 팔 수 있다. 마치 시장에서 물건의 가격이 수요와 공급에 따라 변동하듯이 탄소 배출권의 가격도 자유롭게 변동한다.

탄소세의 경우 기업이 납부해야 할 가격이 정해져 있었지만 배출권 거래 제도는 가격이 시장의 원리에 맞게 변동한다는 데 차이가 있다. 정부가 기업의 배출량 한도*cap*를 정하고 그것을 넘는 부분을 서로 거래*trade*할 수 있게 허용한다는 의미에서 이 제도를 'Cap and Trade'라고 부르기도 한다.

배출권 거래 제도는 탄소세의 단점들을 보완한 것임은 틀림없다. 하지만 우리나라를 비롯한 중국, 유럽연합 및 주요 선진국에서 도입되어 시행되고 있는 탄소 배출권 제도 역시 완벽한 제도라고는 할 수 없다.

첫째, 정부가 지나치게 높은 배출 한도를 설정하면 문제가 된다. 이런 경우 기업들이 많은 양의 이산화탄소를 방출해도 정부에서 정한 배출 한도를 넘어서지 않는다. 기업의 입장에서는 이산화탄소 배출량을 줄이기 위한 노력을 게을리할 가능성이 높다. 또한 이산화탄소 배출 한도를 넘어서는 기업이 많지 않을 테니 배출권 거래가 활발해지기 어렵다.

둘째, 대부분의 배출권 거래 제도에서는 대형 발전소나 제조 기업만 배출권 시장에 참여하고 있다. 이들만큼이나 많은 이산화탄소를 배출하는 운송 부문을 포함한 기타 산업 종사 기업들은 참여하고 있지 않다는 문제점도 있다. 탄소세와 마찬가지로 배출권 거래 제도 역시 완벽한 제도는 아니다. 두 제도가 각각의 장단점을 가지고 있기 때문에 유럽연합을 포함한 주요 선진국에서는 탄소세와 배출권 거래 제도를 모두 채택해 각 제도의 단점을 보완하기 위해 노력하고 있다.

마지막으로, 다른 나라가 이산화탄소 배출 억제에 나서도록 국제적인 압력을 가하는 데 배출권 거래 제도와 탄소세 제도가 적극 활용되고 있다. 유럽연합은 2026년부터 회원국 밖에서 만들어진 시멘트, 알루미늄, 철강 등 여섯 개 품목이 회원국으로 수입될 때 이른바 '탄소국경세'를 매기기로 결정했다.

탄소국경조정제도*Carbon Border Adjustment Mechanism, CBAM*는 이산화탄소 배출 규제가 느슨한 국가에서 유럽연합처럼 규제가 엄격한 국가로 물품을 수출할 때 탄소국경세를 지불하도록 하는 제도이다. 시멘트, 알루미늄, 철강 등의 제품은 생산 과정에서 이산화탄소를 대량 배출하는, 즉 탄소발자국*Carbon footprint*이 큰 제품들이다. 이러한 제품이 배출 규제가 느슨한 국가에서 만들어져 유럽 국가로 수입되어 들어올 때 유럽 내 탄소 배출권 시장*EU-ETS*에서 거래되는 수준의 관세를 부과한다는 것이 기본적인 메커니즘이다.

유럽 국가에 시멘트, 알루미늄, 철강 등을 수출해 왔던 국가들은 '또 다른 형태의 무역 장벽'이라며 항의하고 있지만 유럽 국가들은 기후 온난화를 막기 위한 당연한 조치라고 주장하고 있다. 우리 기업들도 철강 제품을 포함하여 탄소발자국이 큰 제품을 유럽에 많이 수출하고 있는 입장이어서 제조 과정에서 탄소 배출을 줄이기 위해 노력하고 있다.

전기와 에너지,
국제 협력이
바꿀 수 있는 것들

전기 없이는 상상하기 힘든 현대의 생활

현대인의 생활은 전기 없이 상상할 수 없다. 아침에 일어나서 요리하고 청소하고 옷을 세탁하는 모든 일이 전기가 없으면 불가능하다. 학교와 직장에서도 전기가 없다면 제대로 일을 할 수 없다.

인류는 매년 2만 2,000테라와트아워*TWh*라는 엄청난 양의 전기를 소모한다. '테라*Tera*'라는 단위는 1조(1,000,000,000,000, 10의 12제곱)를 의미하는 큰 수이다. 그렇다면 인류가 사용하는 2만 2,000테라와트아워는 얼마나 많은 양일까?

2021년 기준으로 우리나라 전체에서 1년 동안 생산되는 총발전량은 57만 6,809기가와트아워*GWh*이다. 기가*Giga*는 10억(1,000,000,000, 10의 9제곱)을 의미한다. 전 세계 총 전기 사용량을 우리나라 총발전량으로 나눠보면 약 38배 정도이다. 우리나라처럼 막대한 양의 전기를 생산하는 전기 강국이 무려 38개가 모여서 쉬지 않고 전기를 생산해야만 전 세계 총사용량을 충당할 수 있다는 이야기이다.

이렇듯 이 순간에도 전 세계적으로 엄청난 전기가 생산되어 우리 생활 곳곳에 활용되고 있는데 가만히 생각해 보면 엄청난 전기를 만들어내는 방식, 즉 발전 방식만 바꿀 수 있어도 온실가스 배출을 상당 부분 줄일 수 있다. 기후 변화에 대응하기 위한 가장 중요하고 의미 있는 첫 번째 발걸음은 발전 부분에서부터 시작되어야 한다. 왜 그런지 이유를 살펴보자.

우선, 인류는 엄청난 양의 전력을 만들고 소비하기 때문에 전 세계 온실가스 배출량의 4분의 1가량이 발전 분야에서 나오고 있다. 산업 부문으로 따지자면 발전 산업이 단일 산업으로는 가장 많은 이산화탄소를 배출하고 있다. 발전 산업에서부터 온실가스 감축을 시작해야 하는 첫 번째 이유이다.

둘째, 복잡하고 다양한 제조업의 생산 방식과는 달리 발전 방식은 그 종류가 비교적 단순하다. 게다가 온실가스를 집중적으로 배출하는 발전 방식은 화석 연료를 이용한 전통적 발전 방식에만 한정된다. 따라서 석탄과 같은 화석 연료를 이용한 발전만 줄이거나 없애도 온실가스 배출량이 획기적으로 줄어들 수 있다.

셋째, 고갈될 가능성이 있는 화석 연료와는 다르게 고갈될 가능성이 거의 없는 태양열이나 풍력과 같은 대체 에너지원이 이미 오래전에 소개되어 현재 빠르게 확산되고 있다. 다시 말하자면, 경제가 발전함에 따라 계속 늘어나는 전력 수요를 추가적인 온실가스 배출 없이 충족시켜 줄 다양한 에너지원이 이미 지구상에 풍부하게 존재한다는 말이다.

화석 연료에 의존하는 전기 생산

1985년 이후 2023년에 이르기까지 약 40년 동안 전 세계 평균을 살펴보면 전체 전기 생산량의 60~70%는 꾸준하게 화석 연료를 태워서 만들어졌다. 2011년 처음으로 20%를 돌파한 신재생 에너지는 이후 꾸준한 성장을 거듭하고 있지만 2001년만 해도 거의 17%에 달하던 원자력의 비중은 이제 10% 미만으로 급격하게 줄어들었다. 지난 40여 년 동안 화석 연료가 발전에서 차지하는 비중은 거의 변하지 않은 상황에서 원자력이 줄어든 만큼 신재생 에너지의 비중이 늘어났다고 보면 된다. 그렇다면 왜 이렇게 화석 연료의 비중이 줄어들지 않고 있는 것일까?

석탄화력발전소의 경우 비교적 설계와 시공 그리고 운영이 쉬운 편이고 석유와는 달리 전 세계 넓은 곳에 분포하는 석탄만 확보하면 전기를 생산하는 데 문제가 크게 없기 때문이다. 이런 이유로 석탄화력발전이 아직도 전 세계 발전량의 약 3분의 2를 책임지고 있다.

실제로 주요 경제 대국들은 발전의 대부분을 아직도 화석 연료에 의존하고 있다. 2023년 기준 세계 1, 2, 4, 5위의 경제 대국인 미국, 중국, 일본, 인도가 각각 59.1%, 64.7%, 68.5%, 78.0%를 화석 연료에 의존하고 있다. 우리나라도 마찬가지다. 한국은 약 61.7%를 화석 연료에 의존하면서 경제협력개발기구 회원국 중 화석 연료 의존도가 가장 높은 나라 중 하나이다. 반면 북유럽의 몇몇 국가(노르웨이 1.5%, 스웨덴 1.7%, 핀란드 5.6%)와 프랑스(8.4%), 캐나다(19.9%) 등 소수의 선진국만이 화석 연료를 이용한 전기 생산에서 벗어나 있는 상황이다.

신재생 에너지의 주요 특징

그렇다면 신재생 에너지에는 어떤 것이 있고 각각의 특징은 무엇일까? 가장 먼저 태양을 활용한 태양광발전과 태양열발전을 생각해 볼 수 있다. 이 두 방식을 합하면 2023년 기준 전 세계 발전량의 5% 내외 수준이다.

태양광발전은 태양이 지구로 보내는 빛 에너지를 전기 에너지로 변환하는 발전 방식이다. 주위에서 흔히 볼 수 있는 태양광 패널은 빛 에너지를 전기 에너지로 바꿔주는 태양 전지를 집적해 만든 것이다. 태양광 전지의 주원료는 실리콘인데 태양으로부터 날아오는 광자를 흡수해 이를 전기로 바꿔준다.

한편 태양열발전은 태양으로부터 오는 열에너지를 전기로 바꾸는 방식으로 거대한 돋보기를 이용해 태양의 열에너지를 모으는 방식이라고 이해하면 된다. 우리나라에서는 주로 태양광 발전이 널리 보급되었으며 사막이나 황무지가 많은 나라에서는 태양열발전 시설을 설치하기도 한다.

그다음 대표적인 신재생 에너지는 풍력이다. 거대한 바람개비, 바람개비와 연결된 증속기 및 발전기를 통해 바람의 운동 에너지를 전기 에너지로 바꾼다. 육지는 물론이고 해상에서도 풍력발전은 가능한데 현재의 기술로는 산들바람 수준인 초속 3~4m의 바람만 불어도 풍력발전이 가능하다. 풍력발전기는 보통 100m가 넘는 높이의 타워 위에 지름이 수십 미터가 넘는 커다란 바람개비가 설치되어 있을뿐더러 대개의 경우 여러 개의 발전기가 한곳에 모여있어 그 규모가 압도적이다. 게다가 바람이 불어서 발전이 될 때는 다소의 소음도 발생하기 때문에 주로 인적이 드물고 바람이 잘 통하는 평야 지대나 해상에 설치하는 추세이다.

태양과 바람을 이용하는 발전 방식에 문제점은 없을까? 지구상에 있는 화력발전소를 모두 폐쇄하고 태양과 바람에만 전적으로 의존해도 되는 걸까? 그렇지는 않다.

우선, 각 나라의 지리적, 사회적 상황이 다르기 때문에 특정한 신재생 에너지에 의존할 수 없다. 우리나라의 경우 인구 밀도가 높고 산지가 많아 넓은 면적을 요구하는 태양열 발전을 광범위하게 설치하기 어렵다. 산업 기술의 수준이 낮은 개발도상국에서는 신재생 에너지 발전소를 세운다 해도 제대로 관리할 역량이 부족한 경우도 많다. 각 나라의 지리적, 기술적 한계에 맞는 신재생 에너지 개발이 이루어져야 한다.

둘째, 효율의 관점에서 보면 아직도 화력발전이 태양이

나 바람을 이용한 발전보다 우수한 것이 사실이다. 가로세로 1km 규모의 지역에 건설된 화력발전소에서 생산되는 전기를 완벽하게 대체하기 위해서는 가로와 세로가 각각 수십 킬로미터 규모에 풍력발전기를 설치해야만 한다. 풍력발전기의 특성상 빽빽하게 설치할 수 없기 때문이다. 또한 태양이 24시간 비추지 않고 바람도 불었다 안 불었다를 반복한다는 문제가 있다. 다시 말해서 이 세상의 모든 전력 생산을 태양과 바람에만 의존한다면 날씨가 흐리거나 바람이 불지 않는 날에는 전기를 사용할 수 없게 된다.

셋째, 계절과 시간에 따라 오르락내리락하는 전기 수요를 맞추기가 어렵다. 일반적으로 가정에서는 회사나 학교에 갈 준비를 하는 이른 아침 시간과 회사나 학교에서 돌아온 저녁 시간에 많은 전력을 사용한다. 물론 낮에도 냉장고와 같은 기본적인 전기 제품은 계속 가동되어야 하므로 기본적인 전력 수요는 일정하게 발생한다.

하루 종일 일정하게 발생하는 전력 수요를 베이스로드 ***Base load***, 특정한 시기에만 늘어나는 전력 수요를 피크로드 ***Peak load***라고 부른다. 신재생 에너지에 전적으로 의존하게 되면 피크로드는 물론 자칫 베이스로드 수요마저 충족시키지 못해 대규모 정전 사태를 불러올 수 있다. 그렇기 때문에 꾸준하게 전력을 생산해서 베이스로드를 맞추는 일은 지금까지 화력발전소가 담당하고 있다. 그렇다면 화력발전소를 대체해 베이스로드를 담당할 발전 방식은 없을까?

수력발전과 원자력발전의 특징

가장 먼저 수력발전을 생각해 볼 수 있다. 물은 밤과 낮을 가리지 않고 꾸준하게 흐르기 때문이다. 현재 수력발전은 전 세계 발전량의 15~16%가량을 차지하고 있다.

하지만 수력발전에도 문제점은 있다. 전력 수요가 늘어나면서 수력발전 시설의 규모도 점점 커지고 있다. 중국에 건설된 삼협댐의 경우 무려 280억 달러에 달하는 엄청난 공사비가 소요되었고 짓는 데 20년이 넘게 걸렸다. 댐으로부터 상류 방향으로 서울시보다 넓은 630㎢의 면적이 물에 잠겼고 100만 명이 넘는 주민이 수몰 지역을 떠나 이주해야만 했다. 엄청난 규모의 담수가 저장되면서 수상 및 수중 생태계는 엄청난 충격을 겪었고 댐에서 발생한 습기로 인해 인근 지역의 날씨가 바뀌고 있다는 우려도 나오는 실정이다.

더구나 수력발전은 네덜란드처럼 전 국토가 평평한 국가

에서는 채택하기 힘든 발전 방식이며 하천이 여러 나라를 거쳐 흐르는 경우에는 상류에 있는 국가가 댐을 만들 경우 중류 및 하류에 있는 나라가 여러 가지 피해를 당하게 되어 자칫 국제적인 분쟁으로 번질 가능성도 높다.

그다음으로 원자력발전도 생각해 볼 수 있다. 원자력발전은 핵분열에서 발생하는 2,000도가량의 높은 열에너지를 이용해 증기를 만들고 이를 이용해 터빈을 돌리는 방식으로 열에너지가 운동 에너지를 거쳐 전기 에너지로 변환되는 방식이다. 핵분열의 속도를 일정하게 유지하면 베이스로드를 충족시킬 수 있을 뿐만 아니라 분열 속도를 조절하면 피크로드에서 치솟는 전력 수요도 대응할 수 있다.

하지만 원자력발전소는 매우 복잡한 구조물로 짓는 데 큰 비용과 시간이 소요된다. 게다가 자칫 잘못 운영하거나 지진이나 쓰나미로 인해 시설물이 손상될 경우 엄청난 재해가 발생할 수 있다는 위험성이 있다. 더 나아가 발전 과정에서 발생하는 각종 핵폐기물의 처리 문제, 원자력발전소가 수명을 다한 후에도 오랜 기간 해당 지역을 사용하지 못한다는 문제점 또한 지적될 수 있다.

화력발전은 물론 태양과 바람 그리고 수력과 원자력을 이용한 발전 방식의 장단점을 두루 살펴보면서 기존의 화석 연료로부터 벗어나는 데 완벽한 단 한 개의 정답은 존재하지 않는다는 것을 확인할 수 있었다.

각각의 장단점을 보유한 수력발전과 원자력발전의 활용 가능성도 잘 검토해 보아야 한다. 또한 예측할 수 없는 태양과 바람으로부터 전기 에너지를 생산한 후에 이를 잘 보관하고 안전하고 효율적으로 소비자에게 전달하는 기술이 매우 중요하다는 사실도 확인할 수 있다. 발전소에서 생산한 전기를 잘 보관하는 기술, 그 기술이 얼마 멀지 않은 미래에 인류의 생활을 바꿀 혁신적인 기술이 될 것이다.

미래를 바꿀 기술 어디까지 왔나

오리곡선

단일 산업 분야 중에서 온실가스 배출이 가장 많은 전력 분야에서 우선으로 탄소 배출 감축에 힘쓸 필요가 있다는 점 그리고 화석 연료를 활용한 발전의 대안으로 태양열이나 풍력, 수력과 같은 신재생 에너지의 특징을 살펴보았다.

신재생 에너지는 하루 24시간, 365일 쉬지 않고 안정적으로 공급되지는 않는다. 해가 지거나 바람이 없거나 강수량이 줄면 전력을 생산하지 못하지만 햇볕이 너무 좋거나 바람이 너무 많이 불거나 강수량이 늘어나면 전력 생산량이

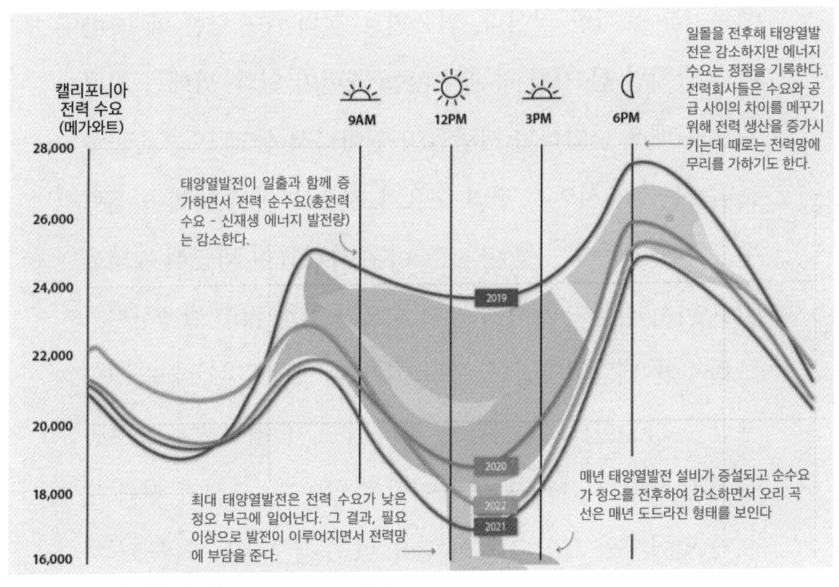

오리곡선 (출처 : Clean Energy Revolution)

흘러넘친다. 이럴 경우 전체 전력 시스템에 부담이 되기 때문에 풍력발전기의 경우 일부를 멈추는 '출력 제한' 조치를 취한다. 하지만 출력 제한 조치 때문에 생산된 전력이 전력망을 통해 사용자에게 전달되지 못하고 사라져 버린다면 너무 아깝다. 좀 더 효율적인 방법은 없을까?

위의 그래프는 캘리포니아에서 2019년부터 2022년까지 24시간 동안 어느 시간대에 얼마나 많은 전력 수요가 발생했는지를 표시한 것이다. 연도별로 전력 수요량은 계속 바뀌고 있지만 한 가지 바뀌지 않는 패턴이 있다. 밤에는 전력 수요가 매우 낮았다가 사람들이 일어나서 등교 또는 출근을 준비하는 7~8시까지 전력 수요가 치솟고 이어 낮에는 전력 수요가 줄어든다는 것이다. 그 이후 사람들이 퇴근해 저녁을 먹고 나서 잠들기 전까지 전력 수요가 가장 많이 발생한다.

하지만 태양열발전의 경우 해가 떠 있는 시간에만 전력 생산이 가능한데 이 시간은 전력 수요가 최고조에 오르는 아침과 저녁 시간과는 잘 들어맞지 않는다. 오히려 전력 수요가 떨어져서 가장 전력이 필요 없는 정오에서 오후 3시까지 가장 많은 전력이 생산될 것이다. 신재생 에너지를 연구하는 학자들은 하루에 두 번 피크에 오르고(각각 오리의 엉덩이와 머리) 낮에는 감소하는(오리의 몸통) 전력 수요 패턴을 보고 '오리곡선*Duck Curve*'이라는 재미있는 별명을 붙였다.

별명은 우스꽝스럽지만 실제로 오리곡선은 태양열 에너지를 활용해 전력을 생산하고 송전하는 데 상당한 문제를 일으킨다. 이러한 문제를 어떻게 하면 해결할 수 있을까?

첫 번째 방법으로는 생활 습관 바꾸기, 전문 용어로는 '부하 이동*Load Shifting*'을 생각해 볼 수 있다. 소비자들이 행동 방식을 의도적으로 바꿔서 전력 생산량이 적은 시간대에는 전력을 사용하지 않고 그 반대의 시간대에 전력을 사용하는 것이다. 경우에 따라서는 정부가 전기 요금을 시간대별로 차등 적용해 소비자들의 행동 변화를 끌어내기도 한다.

두 번째 대안은 전기 에너지가 많이 생산될 때 이를 버리지 않고 보관했다가 나중에 전기 에너지가 필요할 때 꺼내서 쓸 수 있는 기술, 즉 에너지 저장 장치이다. 가장 대표적인 것이 전기 화학적 저장 장치로 쉽게 말해 배터리를 말한다. 배터리는 빠르고 쉽게 충전이 가능하며 상대적으로 안전하고 소지하기에도 간편하다. 게다가 오랫동안 에너지를 보관할 수도 있다. 실제로 현대인들은 작은 전기 화학적 저장 장치를 하나 이상 가지고 있다. 휴대전화, 노트북, 태블릿 PC 등은 모두 이러한 배터리를 기반으로 한다.

하지만 몇 가지 단점도 있다. 우선, 배터리를 만들 때 희토류를 사용해야 하는데 희토류는 말 그대로 지구상에 매우 희귀하게 존재하는 물질들을 말한다. 이러한 물질들을 캐내기 위해서 환경이 심각하게 파괴된다는 문제점이 있다.

둘째, 희토류가 생산되는 지역은 몇몇 국가에 한정되어 있지만 이를 원하는 국가는 전 세계에 걸쳐있기 때문에 수요량의 증가와 생산 국가의 수출 통제 등의 이유로 가격이 급등하곤 한다. 희토류를 안정적으로 수입해야 하는 우리나라를 포함한 많은 나라에 이는 상당한 걱정거리이다.

셋째, 현재의 기술 수준에서는 작은 승용차를 구동할 수 있는 크기, 즉 전기자동차까지는 배터리 방식이 효율적이다. 하지만 그보다 큰 운송 수단(대형 선박이나 비행기)을 움직이거나 한 지역이나 나라에서 만들어진 대용량의 유휴 전력을 저장하는 데는 배터리 방식이 효율적이지 않다. 따라서 배터리의 크기를 크게 만들어서 전력을 보관하는 것보다는 아예 다른 방식으로 전력을 보관하는 시스템을 만드는 것이 기술적, 경제적, 환경적으로 훨씬 더 유리하다.

물을 에너지로 바꾸는 가능성

여러 가지 대용량 전기 저장 장치가 연구되고 있는데 가장 대표적인 수소 연료 전지*Hydrogen fuel cell*를 살펴보자. 신재생 에너지를 이용한 발전에서 바람이 매우 심하게 불어서 출력 제한이 필요한 경우 이러한 전기를 버리지 말고 수소 연료 전지에 보관하면 나중에 유용하게 사용할 수 있다.

우선 필요 이상으로 많이 만들어진 전력을 전력 공급망에 연결하지 않고 물(H_2O)을 수전해*Electrolysis*하는 데 사용한다.

수전해란 물에 전기를 통과시켜 수소(H_2)와 산소(O_2)로 분해하는 과정이다. 수소는 가볍고 가연성도 높아서 그 자체로도 연료로 사용할 수 있다.

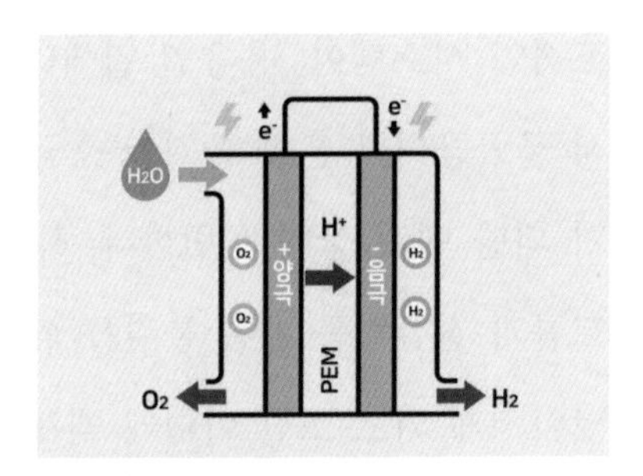

수전해의 원리 (출처 : SK E&S)

또한 연료로 사용하지 않고 이 수소를 이용해서 에너지를 저장했다가 천천히 꺼내 쓸 수도 있다. 이때 수소 연료 전지가 활용되는데 이는

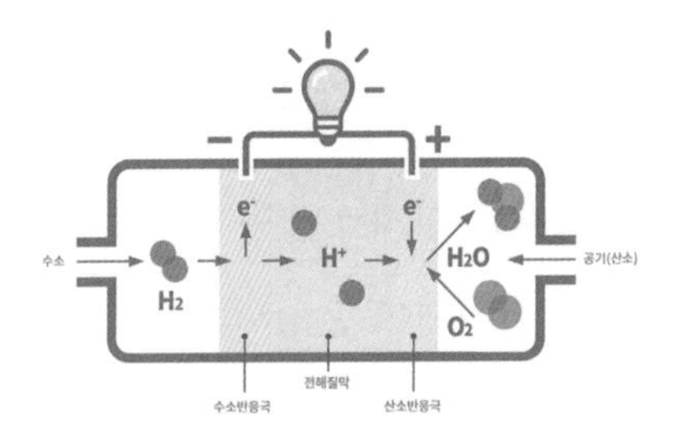

수소연료전지의 원리 (출처 : 두산모빌리티이노베이션)

앞서 수전해를 통해 물에서 분해한 수소를 다시 산소와 결합하는 과정에서 전기를 발생시키는 장치이다. 즉 수전해의 원리와 반대되는 원리를 이용해 전기를 만들게 되는데 그 부산물은 물뿐이고 이산화탄소와 같은 온실가스를 배출하지 않는다는 장점이 있다.

마지막으로 수소 연료 전지보다는 덜 대중화되어 있지만 과학자들이 꾸준히 연구하고 있는 새로운 에너지 저장 장치로는 열에너지 저장 장치*Thermal energy storage*가 있다. 가장 대표적인 시스템이 '용융염 열에너지 저장 장치'이다. 세상에서 물만큼이나 흔한 물질이 소금인데 소금은 약 800도 정도가 되면 액체 상태로 변한다. 하지만 순수한 소금에 질산나트륨과 질산칼륨 같은 물질을 섞어서 가열하면 끓는 온도가 낮아지게 되고 또한 이렇게 액체로 변한 소금은 열에너지를 길게는 몇 주 동안 잃어버리지 않는다. 뜨거운 소금 속에 에너지를 저장한 후에 필요에 따라서 꺼내 쓰는 기술이 미국을 중심으로 꾸준하게 연구되고 있고 미국 네바다 주의 토노파에는 실제로 용융염 열에너지 저장 장치를 활용한 발전소가 건립되어 운영되고 있다.

한편 에너지를 저장하는 기술은 아니지만 면적이 넓은 국가에서 꾸준히 연구되는 방법으로 일정한 지역을 통합적인 전력망으로 묶는 방법이 있다. 실제로 미국에서는 풍력발전에 유리한 와이오밍 주에서 전기를 생산해 남서쪽으로 1,000km 넘게 떨어진 유타 주, 네바다 주, 캘리포니아 주 등으로 연결하는 프로젝트가 계획되어 2027년 가동을 목표로 건설 공사가 진행 중이다.

이렇게 넓은 지역을 같은 송전망에 통합하면 각 지역이 독자적으로 발전소를 세울 필요가 없다. 이렇게 넓은 지역을 통합하는 전력망은 국경을 넘어서 여러 나라 사이에서도

가능하다. 다만, 이럴 경우 전력망이 통과하는 나라들 사이에 에너지 정책과 관련한 긴밀한 협력이 필요할 것이다. 기후 변화에 대응하기 위해서 국가 간 협력이 필요한 또 다른 이유이다.

탄소 배출 없이 따뜻하고 시원하게 사는 법

가정과 사무실의 냉난방을 통해 발생하는 이산화탄소는 전 세계 배출량의 약 6~7%로 35억 톤이 넘는다. 지구의 온도를 더 이상 올리지 않고 쾌적하게 거주하는 방법은 없을까?

난방과 요리만 해도 발생하는 온실가스

지구는 마치 티라미수 케이크처럼 다양한 두께를 가진 여러 지층이 겹겹이 쌓여있다. 이 중에는 지름이 0.005mm에 불과한 매우 미세한 진흙이 뭉쳐 만들어진 셰일층이 있다. 셰일층에는 상당량의 천연가스와 원유가 함유되어 있지만 입자가 워낙에 작기 때문에 꼼짝없이 갇혀서 빠져나오지 못하고 있다. 수직으로 시추공을 뚫는 전통적인 방법에서 벗어나 셰일층에 수평으로 시추공을 뚫은 후 셰일층에 갇혀있던 가스와 원유를 추출하는 새로운 공법이 2002년을 전후해 미국의 서부와 남부에서 본격적으로 사용되기 시작했다.

프래킹*Fracking*이라고 불리는 이 새로운 공법 덕분에 셰일가스 추출과 관련된 일자리도 늘어났고 셰일가스 생산량 증가 덕분에 원유와 가스의 가격이 대폭 낮아졌다. 집이나 사무실의 난방을 대부분 천연가스에 의존하는 미국의 입장에서는 반가운 일이었다. 하지만 '셰일 붐'이라고 불리는 이러한 현상에 부작용은 없었을까?

가장 큰 문제는 프래킹 공법이 엄청난 양의 물을 사용하면서 환경에 부정적 영향을 미친다는 점이었다. 또한 높은 압력으로 물과 모래 및 화학 약품이 섞인 액체를 지하에 주입하고 나면 지반이 불안해진다는 부작용도 있었다. 셰일에는 메탄이 다량으로 함유되어 있는데 프래킹 과정에서 이 메탄가스가 대기 중으로 배출된다는 문제도 있었다. 마치 콜라 캔에 빨대를 꽂아서 콜라를 마신다고 해도 탄산가스가 조금씩 새어 나오는 것처럼 말이다.

메탄가스는 최초로 대기에 배출된 후 약 20년 동안은 이산화탄소보다 80배나 더 많은 열을 대기 중에서 붙잡아놓는 강력한 가스이다. 이 때문에 프랑스를 포함한 대부분의 유럽 선진국은 프래킹 공법을 법적으로 금지하고 있다.

한편 미국에서 셰일가스 붐이 불면서 2000년 중반부터 대기 중의 메탄 농도가 급격하게 증가한 것으로 나타났다. 몇몇 과학자들은 2000년대 중반부터 미국을 중심으로 불어닥친 셰일 붐이 지구 전체의 메탄가스 배출량이 늘어난 데 가장 크게 기여한 것은 아닌지 의심하고 있다.

천연가스는 다른 화석 연료에 비해 이산화탄소 배출량도 적고 질소나 이산화황과 같은 유독 가스도 적게 배출하는 장점을 가지고 있다. 하지만 천연가스 추출 과정에서 메탄과 같은 강력한 온실가스를 배출하기 때문에 두 얼굴을 가진 에너지원이라고 봐야 한다.

기술과 자본을 보유한 선진국들은 프래킹 공법을 써서 셰일가스를 추출할지 말지를 고민하고 있지만 많은 개발도상국 입장에서는 이 또한 배부른 고민이다. 천연가스처럼 추출, 보관, 운반하기에 비싼 연료는 그림의 떡이기 때문이다. 개발도상국 중에는 나무, 숯 심지어는 가축의 배설물을 이용해서 요리와 난방을 하는 나라가 아직도 많다. 이러한 연료들은 기후 온난화를 일으키는 온실가스뿐만 아니라 질소나 이산화황과 같은 해로운 물질을 포함하고 있다.

세계보건기구의 2023년 발표에 따르면 세계 인구 3명 중 1명이 이러한 값싼 연료를 써서 난방과 요리를 하고 있으며 그 결과 매년 약 320만 명(이 중 약 24만 명은 5세 이하 아동)이 실내 공기 오염으로 사망하고 있다.[41] 이러한 개발도상국에 신재생 에너지 발전이 좀 더 빠른 속도로 보급된다면 석탄이나 나무를 땔감으로 사용하면서 야기되는 환경 파괴도 막고 온실가스 배출도 저감할 수 있을 것이다.

점점 더워지는 날씨, 늘어가는 냉방 수요

그렇다면 냉방의 경우는 어떨까? 선진국의 경우 일반 가정에서 가장 많은 전기를 소모하는 가전제품은 뜻밖에도 에어컨이다. 크기와 성능에 따라 다르지만 보통 에어컨이 냉장고보다 약 3배 정도 더 많은 전기를 사용한다. 게다가 기후 변화로 평균 기온이 점차 상승하면서 많은 나라에서 더위를 피하는 것은 시민들의 건강뿐만 아니라 생명에도 직접적으로 연관되는 심각한 문제가 되어가고 있다. 게다가 개발도상국이 냉방에 본격적으로 에너지를 사용하면 전 지구적인 영향을 미치게 될 것이다.

에어컨은 전기를 많이 소비한다는 문제 외에 또 하나의 치명적인 문제가 있다. 수소불화탄소*HFC*라고 불리는 물질을 배출한다는 점이다. 오존층을 치명적으로 훼손하는 염화불화탄소*CFC*를 대체하기 위해 1980년대부터 개발되어 사용되고 있는 수소불화탄소는 오존층을 훼손하지는 않지만 이산화탄소보다 약 1만 배 이상 강력한 온실가스이다.

그러다 보니 2016년 전 세계 197개국이 모여 2047년까지 수소불화탄소를 80%까지 감축하겠다고 합의하기에 이른다. 수소불화탄소 감축과 더불어 냉방과 관련해 추가로 가능한 정책은 무엇이 있을까?

첫째, 각국 정부가 에어컨의 성능을 높이도록 각종 규제를 도입해 에어컨 생산 업체를 독려할 수 있을 것이다. 실제로 우리나라를 포함한 많은 나라에서는 에너지 효율 등급 제도를 도입해 에너지 효율을 측정하고 이를 소비자에게 알려줌으로써 소비자가 현명한 선택을 하도록 돕고 있다. 이 외에도 다양한 방법이 있을 수 있다. 쓰레기 매립지에서는 항상 메탄가스가 발생하는데 이를 포집해 가정용 또는 산업용으로 사용할 수도 있다.

둘째, 우리나라에서는 많이 활성화되지 않았지만 유럽을 포함한 선진국에서 보급되고 있는 열펌프도 화석 연료를 기반으로 한 냉난방 시스템을 대체할 훌륭한 대안이라고 할 수 있다. 다만 기존의 에어컨과 비교해서 넓은 설치 공간이 필요하고 설치비가 상당히 고가라는 점은 아직도 개선해야 한다.

인간은 극지방에서부터 사하라 사막에 이르기까지 다양한 기후에 넓게 퍼져 살면서 창의적인 방법으로 각자의 거주지에 적응해 왔다. 그 와중에 다양한 냉난방 시스템이 만들어져 현재에 이르고 있다. 지금까지 인류가 발휘해 온 창의적인 사고가 냉난방 부문에서의 탄소 감축에서도 능력을 충분히 발휘할 것이다.

세계는 어떻게 친환경 교통으로 이동 중인가

운송 수단에서 배출되는 막대한 이산화탄소

자동차와 선박 그리고 비행기를 이용해서 한 장소에서 다른 장소로 빠르게 이동할 수 있는 능력은 불과 몇백 년 전에 살던 우리의 조상들은 누리지 못했던 마법에 가깝다.

옛날에는 말을 타고 하루 종일을 달려도 불과 수십 킬로미터를 이동할 수 있었다. 살아있는 생명체이다 보니 틈틈이 쉬게 하고 잠도 재워야 했으며 지치지 않게 달리는 속도도 조절해 주어야 했기 때문이다. 하지만 화석 연료를 사용하는 탈것이 등장하면서 시간과 공간의 개념은 완전히 새로워졌다. 수백 킬로미터 떨어진 지역까지 불과 몇 시간 만에 이동하는 것은 이제 더 이상 신기한 일이 아니다. 자동차는 살아있는 생명체가 아니니 중간에 쉬거나 잠을 재울 필요도 없다. 유럽에 살고 있는 시민은 고속열차를 타면 불과 몇 시간 만에 2~3개의 국경을 뛰어넘어 다른 나라에 도착할 수 있다. 멀리 떨어진 곳의 사람들과 만나고 물건을 가져오는 일이 과거와 비교할 수 없을 정도로 쉬워졌다.

하지만 이러한 편리함에는 대가가 따른다. 자동차와 선박 그리고 비행기를 포함한 전 세계 운송 수단은 1년에 대략 82억 톤의 온실가스를 대기 중으로 배출한다. 인류가 배출하는 총 온실가스의 16%가량을 차지한다. 이 양은 운송수단이 배출하는 연료에서 나오는 온실가스만 측정한 결과이다. 원유를 정제해 휘발유나 경유로 만드는 과정에서 발생하는 온실가스와 차량이나 선박을 만들기 위해 제철 산업으로부터 시작되는 제조업에서 발생한 온실가스는 포함하지도 않은 규모이다.

세부적으로는 어떤 교통수단이 얼마나 많은 이산화탄소를 배출하고 있을까? 전 세계적으로는 절반에 조금 못 미치는 이산화탄소가 개인이 사용하는 승용차나 모터사이클 등에서 배출된다. 절반이 조금 넘는 나머지는 버스, 트럭, 선박, 항공기 등에서 발생한다. 물론 나라별로 교통 환경이 다르기 때문에 그에 따라 배출 비중이 달라지기도 하는데 미국처럼 국토가 넓어서 물건을 운반하는 데 트럭을 많이 사용하는 나라의 경우 도로 교통(승용차 및 트럭)의 비중이 80%를 넘기기도 한다.

도로와 하늘과 바다를 깨끗하게 만드는 방법

그렇다면 운송 수단에서 발생하는 온실가스를 줄일 수 있는 첫 번째 방법은 무엇일까? 이미 예상한 대로 운송 수단을 움직이는 에너지원을 화석 연료에서 전기 또는 다른 에너지원으로 바꾸는 것이다.

전기자동차는 말 그대로 주유소에서 휘발유나 경유를 주유하지 않고 집 또는 전기 충전소에서 전기를 충전해 달리는 차량이다. 전기자동차는 이미 주요 선진국을 중심으로 상당 수준 도입되었고 우리나라에서도 과거에 비해서 많이 도입되었다. 전기자동차가 많이 보급되면 이산화탄소 배출량도 줄일 수 있을뿐더러 공기 오염이나 소음 공해 등 부차적인 피해도 줄일 수 있다는 장점이 있다.

전력 산업의 탈탄소화와 충전소 보급부터

하지만 곰곰이 생각해 보자. 전기자동차를 충전하는 전기는 발전소에서 만들어져야 한다. 만약 전기자동차를 충전할 전기가 석탄과 같은 화석 연료를 태워서 만든 것이라면 과연 전기자동차가 대량으로 보급되는 것이 바람직할까? 그렇지 않다. 그래서 많은 전문가는 전기자동차를 충전시킬 전력을 어떠한 방식으로 생산하는지가 전기자동차의 보급만큼이나 중요하다고 지적하는 것이다.

만약 화석 연료 이외에는 전력 생산의 기반이 없는 나라에 전기자동차가 빠르게 도입된다면 운송 수단이 배출하던 온실가스를 발전소가 대신 배출하는 효과만 발생시키고 실질적인 온실 효과 감축은 일어나지 않는다는 이야기이다. 결국 전기자동차 보급 이전에 탄소에 의존적인 발전 방식을 탈탄소화하는 것이 전제 조건이라는 이야기이다.

전기자동차를 보급하는 데 두 번째 이슈는 충분한 전기 충전소를 갖출 수 있느냐이다. 현재 판매되는 대부분의 전기자동차는 집에서 편하게 충전할 수 있지만 장거리 여행 중에 충전이 불가능하다면 큰 문제가 된다. 나라별로 충전소 보급률에서 큰 차이를 보이고 있으며 같은 나라 안에서도 대도시에서는 전기 충전소가 늘어나고 있지만 농어촌 지역은 그렇지 못한 상황이다.

이런 어려움을 극복하고 유럽과 중국 그리고 캘리포니아 지역 등을 중심으로 전기자동차는 빠르게 보급되고 있다. 전 세계에서 가장 큰 자동차 시장인 미국의 경우 주 정부의 적극적인 전기자동차 보급 정책에 힘입어 전기자동차가 빠르게 보급되고 있는 캘리포니아 주도 있지만 국가 전체적으로는 전기자동차 보급이 다소 느린 편이다.

2023년 6월에 실시한 조사에 따르면 향후 2년 안에 자동차를 구매할 계획이 있는 미국 소비자 중 절반 이하만 전기자동차를 살 계획이라고 밝혔다. 절반이 넘는 미국 내 소비자들은 충전 시설의 부족과 전기자동차의 안전성에 대한 우려를 표했고 비슷한 시기에 실시된 우리나라 소비자를 대상으로 한 조사에서도 유사한 답변이 나왔다.[42] 이 외에도 전기자동차에 사용되는 배터리를 제조하기 위해 필수적인 희토류를 구하기도 어려울뿐더러 이러한 희토류를 가공하는 과정에서 발생하는 환경 문제와 사용하고 남은 배터리를 처리해야 한다는 문제도 있다.

몇 가지 단점에도 불구하고 전기자동차가 미래의 운송 수단임은 틀림없다. 그래서 많은 나라가 교통 부문에서의 이산화탄소 배출량을 줄이고 전기자동차 보급을 늘리기 위해서 다양한 정책을 도입하고 있다.

우선, 전기자동차를 구매할 때 일정 금액의 보조금을 지급하는 방식으로 전기자동차의 보급을 촉진하고 있다. 우리나라에서도 2024년 약 600만 원까지 국비 보조금이 지급되었고 지방자치단체별로 최소 180만 원에서 최대 1,000만 원 내외의 보조금이 지급되었다.

둘째, 화석 연료를 사용하는 차량은 더 적은 온실가스를 배출하도록 성능을 높이거나 시내 중심가에 진입할 때 통행료를 부과하는 등의 정책을 추진하고 있다.

셋째, 자전거를 타거나 걷거나 또는 대중교통을 이용하는 데 불편이 없도록 관련된 인프라를 개선하는 것 또한 자가용 이용을 줄일 수 있는 좋은 방법이다. 우리나라에서도 2024년 1월 서울특별시가 낮은 가격에 대중교통은 물론 따릉이까지 자유롭게 이용할 수 있는 기후동행카드를 도입해 시행하기 시작했다.

넷째, 화석 연료를 사용하는 전통적인 차량을 적극적으로 퇴출하기 위한 노력도 진행되고 있다. 유럽연합은 2035년부터 화석 연료를 사용하는 전통적인 차량의 판매를 금지하기로 했다. 지금으로부터 약 10년만 지나면 유럽연합 국가의 국민은 오로지 전기자동차만 구매할 수 있게 된다는 이야기이다.

마지막으로 잊지 말아야 할 점은 배터리가 모든 운송 수단에 적용할 수 있는 기술이 아니라는 것이다. 현재 기술 수준을 기준으로 할 때 1kg의 가솔린이 발휘할 수 있는 에너지와 유사한 에너지를 내려면 약 30kg의 배터리가 필요하다.

승용차, 도시 안에서 움직이는 버스나 트럭의 경우 배터리 방식이 효율적이지만 장거리를 운행해야 하는 대형 차량이나 선박, 비행기를 배터리로 구동하게 되면 배터리가 사실상 차량이나 선박 전체의 무게를 차지해 화물이나 승객을 실을 수 없다. 따라서 장거리 운행 트럭이나 버스, 화물선, 비행기 등의 경우 암모니아나 수소와 같은 대체 연료를 활용하는 방안이 최근 들어 연구되기 시작했다. 항공기의 경우 배터리의 성능을 획기적으로 높이거나 태양광과 같은 대체 에너지원을 활용하는 방안이 연구되고 있다.

최대한 많은 차량, 특히 개인이 사용하는 승용차를 전기 자동차로 전환하되 전기를 생산하는 방식을 신재생 에너지로 바꿔야 할 것이다. 승용차를 제외한 중대형 운송 수단에 대한 대체 에너지 연구 또한 꾸준히 진행되어야 한다.

기후위기 해결, 결국은 함께 사는 방법

노르웨이가 브라질과 인도네시아에 나무를 심는 이유

2023년 12월 두바이에서 열린 제28차 당사국총회에서 한 가지 흥미로운 발표가 있었다. 노르웨이가 브라질에 소재하는 아마존 열대 우림 보호를 위해 5,000만 달러를 지원하기로 했다는 소식이었다.[43]

언론 보도에 따르면 2019년부터 중단되었던 브라질의 아마존 열대 우림에 대한 노르웨이의 지원이 곧 재개될 예정이라는 것이었다. 지원이 재개된다는 말은 2019년까지는 노르웨이의 지원이 계속되었다는 이야기인데 유럽의 북쪽 끝에 있는 나라가 왜 지구 반대쪽 남반구에 있는 나라에 한화 650억 원이나 되는 거금을 대가도 없이 흔쾌히 주겠다고 한 것일까? 수천 킬로미터를 넘나드는 탄소 감축을 위한 두 나라 사이의 협력 사례는 2008년으로 거슬러 올라간다.

2008년 제12차 당사국총회*COP12*는 케냐 나이로비에서 열렸다. 브라질 정부는 아마존 열대 우림을 보호하는 다양한 활동에 국제 사회의 도움을 청하면서 '아마존 펀드'를 창설하겠다는 계획을 밝혔다. 브라질이 다른 나라에 도움을 청한 이유는 여러 가지가 있겠지만 가장 중요한 이유는 아마존 열대 우림이 전 지구적인 탄소 감축에서 맡은 역할이 중요하기 때문이다. 아마존 열대 우림은 인류가 가진 가장 큰 열대 우림으로 지상에서 흡수되는 이산화탄소의 4분의 1을 빨아들이는 거대한 탄소 흡수 장치이다. 지구상에 존재하는 어떠한 종류의 삼림도 아마존 열대 우림만큼의 탄소 감축 효과를 보여주지 못한다.

브라질의 이러한 요청이 알려지자 전 세계가 도움을 주었다. 멀리 유럽에 있는 노르웨이, 독일, 영국, 스위스, 덴마크, 프랑스, 스페인과 함께 미국과 일본도 브라질을 돕겠다고 나섰다. 물론 브라질에서 가장 큰 석유 회사인 페트로브라스와 같은 브라질의 여러 기업도 동참했다. 2018년까지 약 34억 헤알(약 6억 5,000만 달러)이 모금되어 100여 개의 다양한 삼림 자원 보존 프로젝트에 지원되었다. 그리고 가장 많은 금액을 지원한 나라는 노르웨이였다. 브라질의 중앙 정부와 지방 정부 그리고 민간 단체에 이르기까지 아마존을 지키고 보전하는 목적의 프로그램에 아마존 펀드의 자금이 꾸준하게 사용되었다.

하지만 2019년 자이르 볼소나로*Jair Bolsonaro*가 브라질 대통령으로 선출되면서 상황이 바뀌었다. 그는 아마존 열대 우림을 보전하려는 국제 사회의 노력을 내정 간섭으로 여기고 아마존 펀드의 활동을 탐탁지 않게 생각했다. 실제로 그가 대통령에 취임한 이후 아마존 열대 우림의 개발이 빠르게 이루어지면서 열대 우림 지역이 늘어나기는커녕 줄어들기 시작했다. 브라질의 행동에 실망한 독일과 노르웨이 등은 아마존 펀드에 대한 지원을 잠정적으로 중단했다.

2022년 브라질의 정권이 바뀌면서 이그나시오 룰라*Luiz Inácio Lula da Silva* 대통령이 집권했는데 그는 아마존 열대 우림 보전의 의지를 표명하고 국제 사회에 도움을 요청했다. 그러자 아마존 펀드에 가장 많은 지원을 해왔던 노르웨이가 2023년 12월 두바이에서 열린 제28차 당사국총회에서 아마존 펀드에 대한 지원 재개를 선언한 것이다. 실제로 이그나시오 룰라 대통령 취임 이후 삼림 벌채 면적도 절반가량 줄어들었다.[44]

개발도상국의 탄소 감축을 적극적으로 돕는 선진국의 노력

다른 나라의 탄소 감축 활동을 돕는 활동은 유럽과 라틴아메리카 사이에서만 일어나는 이야기가 아니다. 일본도 여러 개발도상국의 탄소 감축을 돕고 있다. 그 노력의 일환으로 2013년 몽골을 시작으로 29개 나라와 공동크레딧메커니즘*Joint Credit Mechanism, JCM*을 도입했다. 공동크레딧메커니즘은 어떤 나라가 다른 나라에서 탄소 감축을 위한 노력을 한 경우 그만큼의 성과를 챙기는 것을 말한다. 일본이 몽골의 사막에 나무를 심어서 탄소 배출을 일정 부분 감축했다면 그 감축분만큼 일본이 가져갈 수 있는 시스템이다.

제조업이 발달한 선진국일수록 자국의 산업이 엄청난 양의 온실가스를 배출할 가능성이 높다. 일본의 경우 세계 5위권의 온실가스 배출국이면서 아시아에서는 중국, 인도에 이어 세 번째로 많은 온실가스를 내뿜고 있다. 자국 내에서만 온실가스 배출량을 감축해야 한다면 일본 입장에서는 자국의 기업에게 큰 부담을 주면서 고통스럽고 돈이 많이 드는 탄소 감축의 길을 걸어가야만 할 것이다.

하지만 교토의정서 체제와 지금의 파리기후협약 체제는 이러한 선진국의 부담을 덜어주기 위해 선진국이 개발도상국(때에 따라서는 다른 선진국)에서 탄소 배출을 감축할 경우 그 실적으로 가져갈 수 있도록 허용해 오고 있다. 선진국의 경우 더 많은 개발도상국과 협약을 맺어서 그 나라들의 탄소 감축을 도와줄수록 자기 나라에서 힘들고 비싸게 탄소 감축을 할 필요가 없어지는 것이다.

현재 일본은 29개의 나라와 공동크레딧메커니즘을 체결한 것으로도 부족해서 아시아에서 두 번째로 탄소 배출량이 많은 인도와 공동크레딧메커니즘 체결을 위해 협의하고 있다. 2023년 3월 인도를 방문한 일본의 기시다 후미오*Kishida Fumio* 총리는 인도의 나렌드라 모디*Narendra Modi* 총리와 합의한 정상선언문에서 공동크레딧메커니즘 도입을 위한 협상에 더욱 노력하자고 약속했다. 만약 일본이 인도와 공동크레딧메커니즘 체결에 성공한다면 일본은 자국 내에서의 이산화탄소 감축 부담이 크게 줄어들게 될 것이다. 이는 일본

2023년 3월 인도를 방문한 일본의 기시다 후미오 총리 (출처 : Telegraph India)

산업계가 숨을 돌릴 수 있는 좋은 기회이다.

우리나라의 사정은 어떨까? 우리나라도 탄소 배출 감축을 위한 국제 사회의 노력에 발맞추어 탄소 감축의 발걸음을 바쁘게 재촉하고 있다. 우리나라가 기후 변화에 관한 유엔 기본 협약에 자진 신고한 내용에 따르면 2030년까지 2018년 배출량의 40%를 감축하는 것을 목표로 하고 있다.

2021년 최초 신고 이후 약 2년이 지난 2023년에 세부적인 감축 부문을 조정했는데 해외 부문에서 감축할 목표가 약 3,750만 톤에 이른다. 3,750만 톤이라는 규모가 얼마인지 쉽게 감을 잡기가 어려울 것이다. 이는 우리나라가 산업 부문에서 감축해야 할 2,980만 톤의 125%에 해당하는 막대한 양이다. 국제 감축의 중요성이 이 정도로 중대한 것이다.

우리나라의 기술과 자금과 인력을 투입해 개발도상국에 나무를 심거나 신재생 에너지 발전소를 짓거나 환경친화적인 대중교통 시스템을 도입하거나 탄소 포집 설비를 설치하는 일에 부지런히 나서야 한다는 이야기이다.[45]

두 나라 사이에서 탄소 배출량의 이전이 이루어지려면 가장 먼저 두 나라 사이에 기후 변화 협력 협정이 체결되어 있어야 한다. 우리나라의 경우 베트남, 몽골, 가봉, 우즈베키스탄과 기후 변화 협력 협정을 체결했고 20개가 넘는 나라와 협정 체결을 준비 중이다.

국제 감축을 통한 개발도상국과의 탄소 분야 협력은 여러 가지 장점이 있다. 우선, 급격하게 탈탄소화를 추진할 경우 자칫 우리나라의 산업 경쟁력이 낮아질 수 있는데 국제 감축은 우리나라 산업의 급속한 탈탄소화를 늦춰줄 일종의 완충제 역할을 한다. 둘째, 개발도상국에 탄소 감축과 관련된 각종 신기술과 정책이 전수되면서 개발도상국의 일자리 창출과 산업 발전에 기여할 수 있다. 셋째, 국제 감축의 대상이 되는 개발도상국에는 통상 여러 선진국이 탄소 감축을 위한 협력을 제공하고 있다. 우리나라가 이러한 선진국들과 경쟁 및 협력 관계를 맺음으로써 우리나라 자체의 탈탄소 과정에 경쟁력을 더할 수 있을 것이다.

에필로그

우리는 과거를 바꿀 수 없다. 타임머신을 타고 250년 전에 일어난 산업혁명 당시로 갈 수도 없고 화석 연료를 엄청나게 채굴했던 제2차 세계 대전 직후의 경제 성장기로 갈 수도 없다. 하지만 우리가 확실히 바꿀 수 있는 것이 있다. 바로 우리의 미래이다. 그렇다면 약 50년이 지난 2070년쯤에는 어떤 미래가 펼쳐져 있을까?

지금보다 평균 기온이 2도에서 3도 이상 올라간 미래는 무덥고 습하다. 해수면이 훌쩍 높아져서 우리의 보금자리는 상습적인 침수에 노출되어 있다. 태풍과 폭염이 순식간에 우리를 덮쳤다가 사라지는 끔찍한 여름은 이제 일상이 되어버렸다. 우리 정부는 화석 연료로부터 신재생 에너지로 제때 전환하지 못했고 아직도 화석 연료가 전기 에너지를 생산하는 주원료이다. 우리나라를 제외하고는 화석 연료를 사용하는 나라가 줄어들다 보니 그렇지 않아도 구하기 힘든 화석 연료의 공급이 점점 더 불안해지고 있다. 그렇다 보니 이제는 찌는 듯한 더위에 전기가 끊어져 맨몸으로 혹독한 날씨를 견뎌야 하는 일상이 낯설지도 않다. 농작물은 무더운 기후에 적응하면서 영양분이 부족해져 인류는 굶주림과 영양실조에 익숙해지고 있다. 이것이 우리가 겪을 미래의 모습이다.

하지만 또 다른 미래는 이와는 다르다. 신재생 에너지를 빠르게 도입한 정부의 선택 덕분에 전력 부족은 다른 나라 이야기이다. 다행히 이웃 나라들도 온실가스 배출을 성공적으로 저감하면서 해수면 상승이나 이상 기후는 더 이상 인류를 위협하지 않는다. 2020년대에는 기후 변화로 인한 난민 문제와 각종 분쟁이 끊이지 않았다고 하던데 50년이 지난 지금은 다행스럽게도 국제 분쟁이 많이 사라졌다. 에너지 분야는 물론이고 제조업에 이르기까지 에너지 사용과 경쟁력 강화를 위한 기술 개발과 보급이 지속해서 이루어지면서 인류의 평균 수명도 늘어나고 있다. 이것이 우리가 기대하는 미래의 모습이다.

나는 지속 가능한 미래의 모습이 펼쳐지길 기대한다. 그러한 미래를 만들어 나가기 위해서 어떤 노력이 필요한지 지금까지 나타난 객관적 정보와 국제 협력의 관점을 이 책에 담았다.

2015년 체결된 파리기후협약에는 온실가스 배출을 획기적으로 감축하고 기후 변화를 저지하기 위한 온 인류의 의지와 염원이 담겨있다. 대부분의 국가가 2050년까지 넷제로에 도달하겠다는 서약을 했다. 이를 통해 2100년까지 지구 평균 기온을 산업혁명 이전과 비교해 2도, 가능하다면 1.5도 이내로 제한하겠다는 것이다.

2도와 1.5도는 고작 0.5도 차이이다. 얼핏 보면 큰 차이가 아닌 듯하지만 이는 엄청난 차이이다. 우리 동네의 기온이 아니라 지구 전체의 평균 기온이 0.5도 오르거나 오르지 않는 것은 이미 타는 듯한 여름을 매년 겪고 있는 남부 유럽, 호주 그리고 아프리카의 몇몇 국가에는 그야말로 생존의 문제가 될 수 있다. 우리가 먹는 야채, 바닷속의 산호초 그리고 인간에 이르는 모든 생명체의 생존 가능성은 그리 크지 않아 보이는 0.5도에 달려있다고 해도 지나친 말이 아니다. 온도 상승의 폭을 그만큼만 줄일 수 있어도 굶주림과 무더위에서 벗어나 생활의 질이 높아지고 건강한 삶이 가능해질 것이다.

하지만 2100년까지 기온 상승의 폭을 1.5도 이내로 제한하는 것은 어려운 일이다. 왜냐하면 우리 사회와 경제가 화석 연료에 의존적이기 때문이다. 전기를 만들 때, 한 장소에서 다른 장소로 이동할 때, 우리가 집에 거주하면서 무언가를 먹고 마실 때 모든 행동이 온실가스를 배출하고 있다. 심지어 얼핏 보면 화석 연료와 거의 관련이 없을 것 같은 섬유 산업조차 매년 약 10억 톤의 이산화탄소를 내뿜고 있다. 이쯤 되면 온실가스 배출을 줄이기 위해서는 우리가 먹고, 입고, 물건을 사용하다가 최종적으로 버리는 거의 모든 생활 방식을 바꿔야만 한다.

기후 변화를 연구하는 과학자들의 분석에 따르면 2024년 인류는 2100년까지 기온이 2~3도가량 상승하는 곡선에 올라타 있다. 즉각적이고 매우 효과적인 정책을 시행하지 않으면 2100년에는 지구 평균 기온이 산업혁명 당시와 비교해 약 3도 정도 오른 극단적인 기후를 경험하게 될 것이다.

반면 적절한 정책이 시행되고 꾸준한 기술 개발이 진행된다면 2070년을 전후해서는 지금과는 완전히 다른 세상이 되어있을 것이다. 화석 연료를 기반으로 하는 석탄화력발전소는 자취를 감추었을 것이고 휘발유와 디젤을 기반으로 하는 차량도 보두 사라지고 도로 위에는 전기자동차만 달리고 있을 것이다. 집에서 사용하는 거의 모든 전기도 화석 연료가 아닌 신재생 에너지나 수력 등으로 생산된 전기이거나 에너지 저장 장치에서 가져온 전기일 것이다.

하지만 이러한 미래는 노력 없이 주어지지 않는다. 이미 현재 시점에도 존재하는 다양한 탄소 중립적 기술을 좀 더 발전시키고 보급해야만 할 것이다.

기술 개발만이 우리가 극복해야 할 유일한 장애물이 아니다. 아직도 많은 나라의 정부에서는 화석 연료의 가격을 인위적으로 낮게 유지하기 위한 각종 보조금을 지급하고 있다. 이런 정책이 계속 존재한다면 저탄소의 길로 나아가는데 방해가 된다. 정부의 보조금들이 경쟁력을 잃어가는 화석 연료 에너지의 목숨을 부지시키는 데 낭비되지 않고 신재생 에너지 개발과 활용에 사용될 수 있도록 관심을 가져야 할 것이다.

이 책을 선택해 읽는 순간 여러분은 이미 화석 연료에 의존하면서 빈곤과 자연재해, 수명 단축과 질병으로 가득 찬 미래가 아니라 지속 가능한 성장, 풍요로운 자연, 건강하고 활기찬 인생으로 가득 찬 미래를 선택했다.

이러한 미래는 기후 변화를 성공적으로 막아냈을 때 선물로 주어질 것이다. 그리고 그러한 미래를 만들어가기 위해서는 정부, 기업 그리고 사회 구성원 모두가 노력해야 할 것이다. 하지만 그중에서도 가장 중요한 것은 미래의 주인인 여러분이다.

이제 무엇이 기후 변화를 일으키고 그것을 어떻게 막을 수 있는지 알았으니 하나씩 행동으로 옮겨보기를 권한다. 마치 지구 전체의 기온이 산업혁명 때부터 조금씩 조금씩 올라서 지금에 도달했듯이 이 책의 독자 한 명 한 명의 행동과 생각이 모여서 기후 변화가 없는 저탄소 사회로 가는 길이 다져질 것이기 때문이다.

출처

1 '2024 was the world's warmest year on record', NOAA, 2025. 1. 20.

2 'Here's Where Global Heat Records Stand So Far in July', The New York Times, 2023. 7. 19

3 https://earthobservatory.nasa.gov/images/151699/july-2023-was-the-hottest-month-on-record

4 'Hottest July ever signals 'era of global boiling has arrived' says UN chief', The United Nations, 2023. 7. 27

5 'It's official: January was the warmest on record', United Nations, 2025. 2. 6.

6 https://www.climate.gov/news-features/understanding-climate/understanding-arctic-polar-vortex

7 'UN Report: Global hunger numbers rose to as many as 828 million in 2021', WHO, 2022. 6. 6자 보도자료 참조

8 'Climate is changing. Food and agriculture must too.', FAO, 2016. 10. 16자 보고서 참조

9 'Global Climate Change Impact on Crops Expected Within 10 Years, NASA Study Finds', NASA, 2021. 11. 2자 보도자료 참조

10 '국내 농산물, 외국산보다 비싸도 국내서 생산해야 65%', 한국일보, 2023. 4.9자 기사 참조

11 '현실로 닥친 기후위기 … 농업 분야 대책 논의 '눈길", 한국농정신문, 2020. 10. 7자 기사 참조

12 'Global LiDAR land elevation data reveal greatest sea-level rise vulnerability in the tropics', A. Hooijer & R. Vernimmen, Nature Communications, 12, 3592 (2021). https://doi.org/10.1038/s41467-021-23810-9

13 Hallmann CA, Sorg M, Jongejans E, Siepel H, Hofland N, Schwan H, et al. (2017) More than 75 percent decline over 27 years in total flying insect biomass in protected areas. PLoS ONE 12(10): e0185809. https://doi.org/10.1371/journal.pone.0185809

14 《누가 왜 기후 변화를 부정하는가》, 75-78페이지, 마이클 만, 톰 톨스 공저, 정태영 옮김, 미래인

15 'The Economic Impact of Global Warming : An Oxford Economics White Paper', 2019년 11월, Oxford Economics
16 'The turning point', Deloitte, 2022. 6. 20자 보도자료 참조
17 'The economics of climate change: no action not an option', 2021. 4, Swiss Re Institute
18 'Environmental Justice History', Office of Legacy Management, U.S. Department of Energy 자료 참조
19 https://www.unhcr.org/about-unhcr/who-we-are/figures-glance
20 자세한 내용은 UNHCR의 보고서https://storymaps.arcgis.com/stories/065d18218b654c798ae9f360a626d903 참조
21 'Over one billion people at threat of being displaced by 2050 due to environmental change, conflict and civil unrest', Institute for Economics and Peace, 2020.9.9자 보도자료 참조
22 'Future of the human climate niche', Xu et al., PNAS, 2020. 5. 26., Vol. 117, No. 21, pp. 11350-11355, 원문은 https://www.pnas.org/doi/epdf/10.1073/pnas.1910114117 참조
23 'The water is so hot in Alaska it's killing large numbers of salmon', CNN, 2019. 8. 17자 기사 참조
24 'Like in 'Postapocalyptic Movies': Heat Wave Killed Marine Wildlife en Masse', The New York Times, 2021. 7. 9자 기사 참조
25 'Why Earth's giant kelp forests are worth $500 billion a year', The Nature, 2023. 4. 18자 자료 참조
26 Socioeconomic impacts of marine heatwaves: Global issues and opportunities, Kathryn E. Smith et als., Science, 2021. 10. 22., Vol 374, Issue 6566.
27 'World Malaria Report 2022', World Health Organization, https://www.who.int/teams/global-malaria-programme/reports/world-malaria-report-2022 참조
28 'How Climate Change Is Spreading Malaria in Africa', The New York Times, 2023. 2. 14자 기사 참조
29 'Projecting the risk of mosquito-borne diseases in a warmer and more populated world: a multi-model, multi-scenario intercomparison modelling study', Felipe J Colón-González et al., The Lancet Planetary Health, Vol. 5, Issue 7, E404-E414, 2021. 7.
30 International Permafrost Associationhttps://www.permafrost.org/what-is-permafrost/
31 https://www.permafrost.org/what-is-permafrost/
32 Rantanen, M., Karpechko, A.Y., Lipponen, A. et al. 'The Arctic has warmed nearly four times faster than the globe since 1979'. Communication Earth & Environment 3, 168 (2022). https://doi.org/10.1038/s43247-022-00498-3
33 'Thawing Permafrost Would Accelerate Global Warming', Scientific American, 2016. 12. 1자 기사 참조

34 'Arctic methane deposits 'starting to release', scientists say', The Guardian, 2020. 10. 27자 기사 참조
35 Chunwu Zhu et al. 'Carbon dioxide (CO2) levels this century will alter the protein, micronutrients, and vitamin content of rice grains with potential health consequences for the poorest rice-dependent countries'. Science Advances. 4, eaaq1012 (2018). DOI:10.1126/sciadv.aaq1012
36 Samuel S. Myers, 'Planetary health: protecting human health on a rapidly changing planet', The Lancet, Vol. 390, Issue 10114, pp. 2860-2868, 2017. 12. 23.
37 Archer, D. & Brovkin, V. 'The millennial atmospheric lifetime of anthropogenic CO2', Climatic Change (2008) Vol. 90, pp. 283-297
38 Intergovernmental Panel on Climate Change - Facts. NobelPrize.org. Nobel Prize Outreach AB 2023. Mon. 27 Nov 2023. https://www.nobelprize.org/prizes/peace/2007/ipcc/facts/
39 'South Korea leads list of 2016 climate villains', Climate Home News, 2016.11.4자 기사 참조
40 https://www.iea.org/energy-system/renewables
41 https://www.who.int/news-room/fact-sheets/detail/household-air-pollution-and-health 참조
42 'EY research: Nearly half of US car buyers intend to purchase an EV', EY, '2023. 6. 27자 보도자료 및 '전기자동차 미사용자 중 85% "구매 의사 有, 인프라·가격 고민돼"', EV 트렌드 코리아 2024, 2024. 2. 28자 보도자료
43 'COP28: Norway gives $50 mln to Brazil Amazon fund as deforestation falls', Reuters, 23. 12. 11자 기사 참조
44 'Amazon rainforest: Deforestation rate halved in 2023', BBC, 2024. 1. 13자 기사 참조
45 온실가스 국제감축사업에 대한 쉽고도 자세한 설명을 원한다면《한 권으로 이해하는 온실가스 국제감축사업》, 한국수출입은행 국제탄소 감축팀 엮음, 2024. 2.을 추천한다

참고 자료

공우석, 《왜 기후변화가 문제일까?》, 반니, 2018년 3월

김준하, 《기후변화》, GIST Press, 2017년 6월

마이클 만, 톰 톨스, 《누가 왜 기후변화를 부정하는가》, 정태영, 미래인, 2017년 6월

마크 라이너스, 《최종경고 : 6도의 멸종》, 김아림, 세종, 2022년 1월

마크 매슬린, 《기후변화》, 신봉아, 교유서가, 2023년 8월

반기성, 《십대를 위한 기후변화 이야기》, 메이트북스, 2021년 7월

빌 맥과이어, 《기후변화, 그게 좀 심각합니다》, 이민희, 양철북, 2023년 7월

이지유, 《기후변화 쫌 아는 10대》, 풀빛, 2020년 6월

정내권, 《기후담판》, 메디치미디어, 2022년 7월

한국수출입은행 국제탄소감축팀, 《한 권으로 이해하는 온실가스 국제감축사업》, 한국수출입은행, 2024년 2월

Bill Gates, 《How to avoid a climate disaster》, Penguin Books, 2021년

Greta Thunberg, 《The Climate Book》, Penguin Books, 2022년 10월

Suh-Yong Chung, 《Post-2020 Climate Change Regime Formation》, Routledge, 2013년